W0067116

Zu diesem Buch

Mehr als 200 Millionen Tonnen Gefahrgut werden im Jahr über unsere Straßen transportiert, und jeden Tag passiert ein Unfall. Meist geht es gerade noch einmal gut, die hochgiftigen Chemikalien bleiben im Tank, der umgestürzte Lkw mit 30 000 Litern Benzin gerät nicht in Brand. Doch eine Katastrophe, wie sie im Juli in Herborn geschah, kann sich jederzeit wiederholen.

Michael Schomers hat als Fahrer eines Tanklastzuges gearbeitet. Er kennt und beschreibt die unzumutbaren Arbeitsbedingungen seiner ehemaligen Kollegen aus eigener Erfahrung. Achtzig Stunden Wochenarbeitszeit unter ständigem Termindruck sind die Regel in der Branche, und die unzureichenden Strafen für die Überschreitung der zulässigen Lenk- und Arbeitszeiten schrecken weder Fahrer noch Spediteure ab. Übermüdung und zu schnelles Fahren gehören zum Alltagsgeschäft eines jeden Fernfahrers, Unfälle sind geradezu vorprogrammiert.

An konkreten Beispielen schildert der Autor die mangelnden Sicherheitsvorkehrungen und die Tricks und Schliche, mit denen Firmen und Speditionen die Bestimmungen der Gefahrgut-Verordung umgehen. Da werden gefährliche Güter falsch gekennzeichnet, um Kosten zu sparen, und niemand kann bei einem Unfall die Gefahr der Ladung einschätzen. Da «verschwinden» die Rückstände aus den Tanks in der Kanalisation oder hochgiftiger Sondermüll landet falsch deklariert irgendwo auf einer Müllkippe. Bei Polizeikontrollen auf der Straße fallen solche Verstöße nur selten auf, denn was wirklich im Tank ist, läßt sich so leicht nicht überprüfen. Und der unabhängige Gefahrgut-Beauftragte, der in den Betrieben die Beladung kontrollieren könnte, ist heute noch Zukunftsmusik.

Nach dem Unfall von Herborn wurden die Risiken der Gefahrgut-Transporte erstmals in der Öffentlichkeit diskutiert. Diese Diskussion muß weitergehen. Denn vieles muß sich ändern, wenn die Zeitbomben auf unseren Straßen wirksam entschärft werden sollen. Vorschläge und Argumente liefert dieser Band.

MICHAEL SCHOMERS, geb. 1949, lebt als freier Rundfunk- und Fernsehjournalist in Köln.

Zum Thema bei rororo aktuell:
Jürgen Stellpflug: Der weltweite Atomtransport. Greenpeace Report 2 (5745)

Michael Schomers

Giftig, ätzend, explosiv

Gefährliche Transporte auf unseren Straßen

Unter Mitarbeit
von Wolfgang Linden

Rowohlt

rororo aktuell – Herausgeber
Ingke Brodersen · Freimut Duve

Fotos: S. 12/13, 20/21, 28/29, 36/37 Manfred Linke/laif,
S. 58 Michael Schomers

Originalausgabe
Redaktion Thomas Becker

Veröffentlicht im Rowohlt Taschenbuch Verlag GmbH
Reinbek bei Hamburg, Juni 1988
Copyright © 1988 by Rowohlt Taschenbuch Verlag GmbH
Reinbek bei Hamburg
Alle Rechte vorbehalten
Umschlaggestaltung Jürgen Kaffer/Peter Wippermann
(Foto: Niels-Peter Jørgensen/Bilderdienst Süddeutscher Verlag)
Satz Times (Linotron 202)
Gesamtherstellung Clausen & Bosse, Leck
Printed in Germany
980-ISBN 3 499 12349 5

Inhalt

Was muß sich ändern?

Anhang

Ich widme dieses Buch allen Fahrern und Fahrerinnen gefährlicher Güter, die Tag und Nacht unter schwierigsten Bedingungen ihre Arbeit machen.

Einleitung

Dienstag, 7. Juli 1987, kurz vor 21 Uhr. In dem kleinen Städtchen Herborn rast ein Tankzug, beladen mit 34 000 Litern Benzin und Diesel, in eine Eisdiele. Das auslaufende Benzin explodiert. «Flammenhölle tobte mitten in Herborn», «Sogar der Fluß stand in Flammen», «Laster als Brandbombe», «Menschen rannten schreiend ins Freie», so und ähnlich lauteten die Schlagzeilen am nächsten Tag. Die Bilanz der Katastrophe: Sechs Tote, 33 Verletzte, sieben zerstörte Häuser, ein Schaden von 15 Millionen DM. Jetzt erst, nach der Katastrophe von Herborn, wird die Sicherheit der Gefahrgut-Transporte in der Öffentlichkeit und in den Medien heiß diskutiert. Solche Unfälle aber geschehen jeden Tag.

Drei weitere Beispiele:

13. Mai 1987: Auf der Autobahn Köln–Oberhausen besteht akute Explosionsgefahr, als ein mit Flüssiggas beladener Tankzug von der Fahrbahn abkommt und umkippt. Ursache: Der Fahrer war eingeschlafen.

22. Juli 1987: Ein mit Chemikalien-Fässern beladener Lkw kommt in Ostfriesland von der Straße ab und stürzt um. Zum Glück bleiben die Fässer dicht.

11. November 1987: Ein völlig übermüdeter belgischer Lkw-Fahrer prallt mit seinem Lastzug auf der Autobahn Köln–Koblenz gegen einen Brückenpfeiler. Der Fahrer ist sofort tot. Der Lkw war mit 10 Tonnen Dicarbon-Säuregemisch beladen, das nicht der Gefahrgutkennzeichnung unterliegt, aber in Verbindung mit Flüssigkeit ätzende Dämpfe entwickelt. Zwei Polizeibeamte müssen wegen Verätzungen behandelt werden.

Etwa 240 Millionen Tonnen Gefahrgut werden jährlich in der Bundesrepublik auf der Straße befördert, in der Hauptsache chemische Produkte und Treibstoffe. Zehn Prozent aller in der chemischen Industrie hergestellten Substanzen gelten als für Mensch und Umwelt besonders gefährlich. Hochgiftige und explosive Chemikalien sind darunter, die bei einem Unfall zu verheerenden Katastrophen führen können. Viele davon könnten nach dem heutigen Stand der Technik ersetzt werden durch weniger gefährliche, die Umwelt weniger belastende Stoffe. Gefährliche Transporte und die alltägliche Umweltverschmutzung durch die Chemieindustrie sind zwei Seiten derselben Medaille.

Es ist nicht einfach, genaue Informationen über die Bedingungen zu bekommen, unter denen Gefahrgut-Transporte ablaufen. Die chemische Industrie und die Speditionen lassen niemanden hinter die Kulissen schauen, und die Fahrer haben Angst, öffentlich über ihre Arbeitsbedingungen zu berichten. Sie müssen fürchten, ihren Arbeitsplatz zu verlieren. Offensichtlich aber sind die Bedingungen nicht ordnungsgemäß, denn Kontrollen ergeben immer wieder erschreckende Ergebnisse:

Düsseldorf, 26. April 1985. Der Innenminister von NRW teilt mit: «Über ein Drittel (301) aller 835 Fahrzeugführer mit gefährlichen Gütern, die bei einer Polizeikontrolle auffielen, waren zu schnell gefahren. Dazu mußte gegen 139 Fahrer oder gegen Fahrer und Halter Anzeige erstattet werden, weil sie die Sozialvorschriften einschließlich der Lenk- und Ruhezeiten nicht beachtet hatten. Das ist das wesentliche Ergebnis einer landesweiten Kontrolle (4.–9. März 1985) von Fahrzeugen, die mit gefährlichen Gütern auf der Straße fahren. Dabei hatte auf Anordnung von Innenminister Dr. Herbert Schnoor die nordrheinwestfälische Polizei 4522 Fahrzeuge (davon allein 3583 Tankfahrzeuge) überprüft. 835 (davon 580 Tank-)Fahrzeuge mußten beanstandet werden, d. h. 18,5 Prozent... der Fahrzeuge wiesen Mängel auf... 27 Fahrzeuge, darunter fünf Tankfahrzeuge, waren so verkehrsunsicher, daß es die Polizei nicht mehr verantworten konnte, den weiteren Transport der gefährlichen Güter zuzulassen. Die Weiterfahrt wurde ihnen untersagt.

Was verbirgt sich hinter diesen nüchternen Zahlen, wo liegen die Ursachen für Verstöße, Schlampereien und Unfälle?

Fast drei Monate habe ich als Fernfahrer bei verschiedenen Speditionen gearbeitet, um mehr darüber zu erfahren. In dieser Zeit habe ich mit Vierzig-Tonnen-Tankzügen über 30 000 km in Westeuropa zurückgelegt, habe fast eine Million Liter chemische Substanzen über die Straßen befördert. Meistens allein. Meinen Alltag habe ich mit einer kleinen Kamera dokumentiert; daraus entstand der Film *Giftig, ätzend, explosiv*, der im Februar 1987 im ZDF gesendet wurde. Vieles kam darin zur Sprache, was die Verantwortlichen gern mit dem Mantel des Schweigens bedecken würden. Falschdeklarationen, vorschriftswidrige Abfallbeseitigung, der extreme Arbeitsdruck und die Ausbeutung der Fahrer, Gesundheitsrisiken beim Umgang mit den beförderten Stoffen und anderes mehr.

Von den großen Speditionen, der Chemieindustrie und den Arbeitgeberverbänden kam die erwartete Reaktion: alles nur Einzelfälle; «schwarze Schafe», «bei uns ist alles in Ordnung», «obwohl der Film in schwarzweiß gedreht war, wollte er nur schwarz zeigen», «bei uns ist alles optimal geregelt!» Erst nach dem Unfall in Herborn sind diese Stimmen etwas leiser geworden. Aber an den Arbeitsbelastungen der Fahrer hat auch die Katastrophe von Herborn nichts geändert.

Ich habe diese unmenschlichen Arbeitsbedingungen selbst erlebt und erlitten. Ich bin zornig darüber, wie die Fahrer durch Europa gehetzt werden. Unfälle mit gefährlichen Stoffen, die unser aller Leben bedrohen, sind geradezu vorprogrammiert. Doch statt hier mit gesetzlichen Vorschriften Abhilfe zu schaffen, sollen demnächst im Zuge einer einheitlichen EG-Regelung die Lenkzeiten von derzeit 48 auf 56 Stunden in der Woche erhöht werden.

Dieses Buch will aufklären über die Bedingungen, unter denen Gefahrgut-Transporte in der Bundesrepublik durchgeführt werden. Umweltgefährdende Chemieproduktion, Überlastung der Fahrer, technische Mängel, unzureichende Kontrollen und obligatorische Verstöße gegen die Sicherheitsbestimmungen – überall lauern die Gefahren, die jederzeit zu einer neuen Katastrophe führen können. Herborn war kein Einzelfall. Vieles muß sich ändern, wenn diese Risiken vermindert werden sollen. Vorschläge gibt es zuhauf – von Gewerkschaften und Parteien, von Umweltschutzorganisationen und Bürgerinitiativen. Damit sie umgesetzt werden, bedarf es einer breiten öffentlichen Diskussion, die politischen Druck auf die Verantwortlichen ausübt. Dazu soll dieses Buch ein Beitrag sein.

Eine Woche auf der Straße
Mein Fernfahrertagebuch

Montag

Fünf Uhr morgens. Um diese Zeit ist noch kaum jemand auf der Straße und so kann ich zügig durch die Kölner Innenstadt zum Hof der Spedition fahren. Seit zwei Wochen bin ich bei einem kleinen Spediteur als Fernfahrer angestellt. Mein Wagen: ein 38-Tonnen-Tank-Sattelzug. Meine Ladung: Chemie. Alles, was die chemische Industrie so produziert. Von relativ harmlosen Stoffen wie Seifenlaugen bis hin zu giftigen, ätzenden und hochexplosiven Substanzen.

Den Lkw-Führerschein besitze ich schon seit Jahren, und vor drei Monaten habe ich einen dreitägigen Schnellkurs gemacht, um auch den «Gefahrgut-Führerschein», den GGVS-Schein, zu bekommen. Viel gelernt haben wir da nicht, und der einzige praktische Teil der Ausbildung war eine kleine Feuerlöschübung. Aber wie dem auch sei, ich bin jetzt offiziell berechtigt, Gefahrgut zu befördern. Eine Woche bin ich mit einem Kollegen zusammen gefahren, er hat mir den Wagen und das Wichtigste vom Be- und Entladen erklärt und gezeigt. Und dann durfte ich allein los. Allein mit «meinem» 38-Tonnen-Zug, allein mit 25 000 Litern Chemikalien.

Ich stelle meinen Pkw am Straßenrand ab und gehe auf den Hof der Spedition. Es ist kalt, und nach dem Einsteigen in meinen Lkw lasse ich erst mal den Motor an und bringe die Heizung auf Touren. Jetzt heißt es Papiere ausfüllen und die Tachoscheibe beschriften: «Km 176352 – Fahrer: Schomers – Fahrtbeginn: Köln – Autonummer: K–YT 463». Nach ein paar Minuten wird es warm im Führerhaus, ich kann die dicke Lederjacke ausziehen und es mir etwas gemütlicher machen. Neben mir auf dem Beifahrersitz steht meine Tasche mit Wäsche zum Wechseln, Geschirr, Besteck und Lebensmitteln. Eine Woche auf dem «Bock» steht mir bevor, ein paar Vorräte können da nicht schaden.

Langsam rollt mein Wagen vom Hof der Spedition auf die Straße. Ich muß zunächst nach Wesseling, nur ein paar Kilometer entfernt. Auf dem Autobahnring ist um diese Zeit noch nicht viel los, und ich komme schnell voran. Schon bald liegt das große Chemiewerk im Süden von Köln vor mir. Aus den vielen Rohren und metallisch blinkenden Leitungen dampft es, Morgendämmerung, die letzten dunklen Nachtwolken stehen am Himmel.

Vor der Schranke halte ich an, steige aus und gebe dem Pförtner meinen Abholschein. Ich bekomme die Papiere und darf ins Werk fahren. Beladestelle C 86, aber zunächst zur Waage. Hier sitzt niemand mehr, alles geht vollautomatisch und wird nur vom Pförtner durch eine Kamera überwacht. «Alles klar, du kannst losfahren!» sagt die Lautsprecherstimme. Den Weg durchs Werk kenne ich genau. Der Lademeister nimmt mürrisch meine Papiere – ich komme kurz vor sechs, seine Nachtschicht ist bald zu Ende. 22 000 Liter Salzsäure – er gibt die Daten in seinen Computer ein. «Du weißt ja Bescheid.» Ich habe den Tankzug bereits unter die Füllanlage rangiert, klettere die Leiter herauf und öffne meine Tankdeckel. «Domdeckel» heißen die im Fachjargon. Ein kurzer prüfender Blick in den Tank – alles sauber? Aber ich habe den Wagen ja selber in der letzten Woche gefahren, weiß genau, was vorher geladen war und daß die Reinigung ordnungsgemäß durchgeführt worden ist.

Ich bugsiere den Schlauch in den Tank und öffne das Handventil. Ein dicker Strahl Salzsäure schießt hervor. Dämpfe steigen auf, und ich muß husten. Das läßt sich nicht verhindern, denn ich muß den Schlauch zunächst festhalten, damit er nicht durch den Druck der Flüssigkeit herausfliegt. Schließlich sitzt er fest, und ich steige die Treppe wieder hinunter. Jetzt habe ich eine dreiviertel Stunde Zeit. Weggehen kann ich nicht, denn ich muß beim Wagen bleiben und das Beladen beaufsichtigen. Sonst ist ja niemand da. Eigentlich sollte das Be- und Entladen im Werk Sache der Kollegen dort sein. Aber soviel Personal gibt's da nicht, da müssen eben die Fahrer ran.

Ringsherum stehen Dutzende von großen Tanks, Hunderte von Fässern. Direkt neben mir ist die Blausäureproduktion. Ein Schild weist darauf hin, daß das Tragen von Schutzbrille und Handschuhen vorgeschrieben ist. Doch mit den Sicherheitsvorkehrungen nimmt es hier keiner so genau. Na ja, wenn der Werkschutz gerade in der Nähe ist oder kürzlich ein Unfall passiert ist, dann achtet man wieder mehr darauf. Aber so? «Da gewöhnst du dich schnell dran, alles Routine!» hat mein Kollege zu mir gesagt, als ich anfing. Und ich merke es selbst. «Salzsäure», das Wort signalisierte mir früher: Gefahr! Ätzend! Aufpassen! – heute ist das so normal geworden. Ich weiß, wie man damit umgehen muß. Und ich habe auch noch keinen Unfall damit erlebt, der mir die Gefahr gezeigt hätte. Der Umgang auch mit gefährlichsten Chemikalien wird so selbstverständlich wie anderen der Umgang mit Wasser. Routine und Nachlässigkeit liegen nah beieinander.

Ich setze mich in den Wagen und fülle die Frachtpapiere aus: Frachtbrief, Lieferschein, ein eigenes Fahrtenbuch der Spedition und das offizielle rote «Fahrtenbuch für den Güterfernverkehr», das die

Einhaltung der Tarife kontrollieren soll und bei Kontrollen vorgelegt werden muß. Jede Tour muß hier eingetragen sein. Dann steige ich aus, nehme die Abdeckung von den Gefahrgut-Kennzeichen und stecke die neuen Zahlen an. Jeder Gefahrgut-Transport muß mit einem orangen Schild gekennzeichnet sein. Eine Liste legt für jede chemische Substanz eine Nummer fest, die bei einem Unfall Polizei und Feuerwehr zeigen soll, was transportiert wird. Für Salzsäure muß oben eine 80 stehen, das signalisiert: «ätzend», und unten die genaue Stoff-Nummer 1789.

Noch ein paar Minuten, und der Tank ist voll. Ich nehme den Schlauch hoch und hänge ihn wieder fest. Ein wenig Salzsäure läuft über, auch das läßt sich nicht vermeiden, und wieder atme ich die giftigen Dämpfe ein. Doch was soll's – schließlich alles Routine.

Noch einmal muß ich auf die Waage. Mein Lkw hat ungefähr eine Tonne Übergewicht. Aber das kümmert sowieso niemanden. Viele Wagen sind etwas überladen. Wenn man als Fahrer zu früh «Stopp» sagt, bekommt man mit seinem Chef Schwierigkeiten, denn je mehr Ladung, desto mehr Geld. Also sieht man zu, daß man mindestens bis zur Höchstladung voll ist, wenn möglich sogar noch etwas mehr. Kurze Papierkontrolle beim Pförtner, dann kann ich weiter. Keiner fragt, ob ich Gefahrgut geladen habe, ob ich meinen Wagen richtig gekennzeichnet habe, ob ich die Ladung überhaupt fahren darf.

Auf dem Kölner Autobahnring ist jetzt viel Verkehr, ein paar Kilometer fahre ich fast im Schrittempo. Zwei Stunden brauche ich bis Dortmund, zu meinem nächsten Ziel. In diesem Werk muß ich meinen Wagen nur an die Entladestelle rangieren und die Schläuche anschließen. Alles andere macht ein Kollege dort, und so kann ich in Ruhe eine Tasse Kaffee trinken. Zusammen mit einem anderen Fahrer, der auf seine Entladung wartet, gehe ich ein paar hundert Meter zur Werkskantine.

Die Kantinen und Raststätten sind so ziemlich die einzigen Stellen, an denen man sich mal trifft, mal miteinander reden kann. Ich habe den Kollegen noch nie gesehen, aber wir kommen schnell ins Gespräch: woher kommst du, wohin fährst du, mir ist da mal ein Ding passiert, im letzten Winter, da hat's einen Unfall gegeben, warst du schon mal in X, in dem Werk Y, hast du schon gehört, kurz vor Bingen sind die jetzt immer ganz scharf bei den Kontrollen... Zu intensiveren Gesprächen kommt es bei solchen Begegnungen in Kantinen, an Beladestellen und Tankreinigungen nur selten. Keiner hat Zeit, und außerdem bleiben die Kontakte so locker, weil sich die Fahrer untereinander ja kaum kennen. Wer weiß, wann man sich wieder trifft, vielleicht schon morgen, vielleicht aber auch erst in einem halben oder in zwei Jahren. Das ist auch bei Kollegen so, die in der gleichen Firma angestellt sind. Man braucht lange Zeit, um Kollegen kennenzulernen. Jeder fährt allein durch die Welt, und wenn man sich manchmal samstags auf dem Firmenhof trifft, zur Wagenpflege, dann will jeder möglichst schnell ins Wochenende.

Autobahn Richtung Süden. Zum Glück ist nicht soviel Verkehr, und die Sonne steht am Himmel. Da macht das Fahren Spaß. Auf der A 61 durch die Eifel, dann durch den Hunsrück und die Berge runter, Ludwigshafen. In der Nähe von Ludwigshafen muß ich in die Tankreinigung. Sie liegt in einem kleinen Dörfchen und alle Tankzüge müssen durch die enge Dorfstraße und mitten in der Ortsmitte an einer Ampel rechts abbiegen. Sicherlich eine große Belästigung und auch Gefährdung der Bevölkerung. Tag und Nacht donnern die schweren Tankzüge durch den Ort. Es wundert mich, daß da noch nichts passiert ist.

Auf dem Hof der Tankreinigung stehen sieben andere Züge – ich muß warten. Ich trage mich in das Reinigungsbuch ein, dann kann ich runter in die Kantine gehen und etwas essen oder trinken. Ich habe ungefähr zwei Stunden Zeit, bis ich dran bin. Unten ist ziemlich viel los, der Raum ist total verräuchert. Und wieder die üblichen Gespräche: Sport, Frauen, Geschichten vom Fahren. Viel Kaffee, ab und zu ein Bier, aber die meisten fahren gleich weiter und müssen im Laufe der Nacht noch eine Menge Kilometer machen. Hier gibt es nicht viel Auswahl: Brötchen, Schnitzel mit Pommes frites, Würstchen. Die meisten Kollegen ernähren sich tagein, tagaus nur von solchem Kantinenessen: Kaffee, Würstchen, viel Fleisch, wenig Gemüse, wenig Salat. Gesund ist das nicht. Aber hier ist es wenigstens billig, im Gegensatz zu den Preisen in den meisten Raststätten.

Mein Chef ist Subunternehmer, er bekommt seine Touren von einer großen Tankspedition zugeteilt. Er weiß genausowenig wie ich, wo es morgen oder übermorgen hingehen soll. So muß ich ständig mit dem Disponenten der Spedition in Kontakt bleiben. Kurz vor 17 Uhr rufe ich dort an: Schwefelsäure nach Hamburg heißt der nächste Auftrag. Gleichzeitig sagt der Disponent mir, daß ich schon morgen früh um sieben in Hamburg sein soll. Unmöglich! Bis ich geladen habe, ist es spät abends und ich bin seit heute morgen fünf Uhr auf den Beinen! Wenn ich das schaffen will, müßte ich die ganze Nacht durchfahren. Und zwar schneller als mit 80 km in der Stunde. Ich frage ihn, wie ich das denn schaffen soll. «Ist mir egal, das Zeug muß aber auf jeden Fall morgen früh in Hamburg sein.» Ich sichere ihm zu, mein Bestes zu tun, um pünktlich zu sein. Ich merke, wie ich innerlich zittere. Die Zeitvorgabe ist eine Zumutung. Der Disponent weiß genau, daß ich seit heute morgen unterwegs bin, keine größere Pause gemacht habe und eigentlich schon seit einiger Zeit meine gesetzlich vorgeschriebene Ruhezeit fällig ist. Nach vier Stunden Fahrzeit muß ich eine halbe Stunde Pause machen und nach acht, ausnahmsweise neun Stunden sind elf Stunden Ruhezeit fällig. Aber wer kann das schon, wer macht das schon?

Ich bin sauer, setze mich an den Tisch und trinke noch einen Kaffee. Gemeinsam mit meinen Kollegen, denen ich die Geschichte erzähle, schimpfe ich auf die Disponenten. So etwas lasse ich nicht mit mir machen. Doch ich merke, wie sich in mein Hirn noch ein anderer Gedanke schleicht: Dem werd ich's zeigen! Die Forderung ist zwar eine Unverschämtheit, aber ich versuche trotzdem, das zu schaffen. Die Herausforderung, etwas fast Unmögliches doch zu schaffen und dann als toller Kerl da zu stehen, reizt mich. Ich erschrecke über mich selber.

Nach zweieinhalb Stunden Wartezeit bin ich endlich mit der Reinigung an der Reihe. Es ist dunkel geworden. In der Reinigungshalle stehen zwei Tankzüge. Neben uns ein Tankcontainer, in den oben laufend heißes Wasser und Lösungsmittel gespritzt wird. Unten läuft es wieder heraus und hüllt die ganze Umgebung in heißen Wasserdampf. Wie in einer Waschküche. Nur daß es viel übler riecht. Nach jedem Transport muß der Tank – oder die Tanks – gereinigt werden, wenn ein neues Produkt geladen werden soll. Denn wenn noch Produktreste im Tank sind und mit der neuen Ladung zusammenkommen, kann das schlimme Folgen haben. Wenn zum Beispiel Salzsäure und Natronlauge aufeinandertreffen, gibt es eine Explosion. Das Reinigen geschieht in solchen Tankreinigungen der großen Speditionen. Je nach Produkt mit heißem Wasser oder mit zusätzlichen chemischen Lösungsmitteln. Das kostet Zeit und Geld. Ich habe jetzt insgesamt mit Wartezeit über vier Stunden gebraucht, und die Reinigung hat ca. 250 Mark gekostet.

Doch es geht auch anders: Einer meiner Chefs hat mir und meinen Kollegen jeweils 30 DM angeboten, wenn wir selber reinigten. Beim Entladen in einem Werk besorgt man sich dann einen Schlauch (eventuell drückt man dafür dem Kollegen zehn Mark in die Hand), und spritzt den Tank selbst aus. Man muß nur aufpassen, daß das beim

Beladen nicht auffällt. Doch dafür ist Vorsorge getroffen: Zwar verlangen die großen Chemiewerke vor der Beladung sogenannte Reinigungsatteste, die von den offiziellen Tankreinigungen ausgestellt werden. Wenn man selber reinigt, hat man dafür Blanko-Atteste. Die sind bereits abgestempelt, man muß sie nur noch ausfüllen und unleserlich unterschreiben.

In der Reinigung ist alles voll Dampf und Gestank. Heißes Wasser, Lösungsmittel und Produktreste laufen aus den Tanks aus. Wie man mir sagt, in eine Kläranlage. Ich öffne die Deckel und die Bodenventile, und der Spülkopf senkt sich langsam in den Tank. Aus vielen Düsen spritzt jetzt heißes Wasser und löst die Produktrückstände. Ich reinige derweilen die Schläuche und die äußeren Bodenventile. Zwar habe ich mir eine Gummijacke und Gummistiefel angezogen, um nicht naß zu werden, aber nach einer halben Stunde bin ich völlig durchgeschwitzt und vor Hitze klatschnaß. Die anstrengende Arbeit und die nasse Hitze in der Halle machen mir doch ziemlich zu schaffen. Hier möchte ich auch nicht den ganzen Tag arbeiten.

Vor zwei Wochen war ich mit meinem Chef unterwegs. Er hat mich eingearbeitet und mir auch gezeigt, wie man den Tank selbst reinigt. Wir hatten Leim – kein Gefahrgut – in die Niederlande zu einer Papierfabrik gebracht. Winterwetter, draußen wehte ein kalter Wind, und ich war schon nach dem Entladen total durchfroren. Aber dann begann es erst richtig: «So, nun wollen wir mal reinigen!» meinte mein Chef, drückte dem holländischen Lademeister zehn Gulden in die Hand, und wir bekamen die Erlaubnis, den Wasserschlauch im Fabrikhof zu benutzen. Stiefel anziehen, rauf auf den Wagen. Nachdem ich, den eiskalten Schlauch in der Hand, tief in den Tank heruntergebückt, die beiden Tanks ausgespült hatte, mußte ich noch in den Tank klettern. Leimreste hatten sich an den Wänden festgesetzt – klar, die bekommt man nicht mit kaltem Wasser weg. Also reinklettern und mit Eisenwolle und einem Schwamm die Wände abschrubben. Nach fünf Minuten war mir nicht mehr kalt. Ich schrubbte eine Dreiviertelstunde, bis mein Chef zufrieden war. Die 30 Mark für diese Selbstreinigung habe ich übrigens nie bekommen, schließlich wurde ich ja erst eingearbeitet. Insgesamt fast zwei Stunden unbezahlte, harte Knochenarbeit.

Jetzt machen die Kollegen von der Tankreinigung diese Arbeit, ich helfe nur, indem ich die Schläuche und Ausläufe selber sauberspritze. Dann geht es schneller. So, alles fertig, nur noch die Ausläufe abputzen und die Schläuche verstauen, dann kann ich los. Ein paar Kilome-

Der Spülkopf hängt griffbereit über dem Lkw. Gleich kann die Reinigung beginnen.

ter weiter liegt, direkt am Rhein, das riesige Gelände von BASF. Mittlerweile ist es schon nach neun Uhr. Ich fahre durch das dunkle Werk, rechts und links von der Straße Fässer, Tanks und dunkle Werkhallen. Nachts ist es hier fast menschenleer. Vor der Beladestelle stehen zwei andere Tankzüge. Na, da werde ich wohl warten müssen. Ich gehe in die Meßwarte, wo die Daten aller laufenden Produktionen kontrolliert werden. Unzählige Monitore, Lichter und Meßskalen an der Wand, abgedunkeltes Licht. Auf dem Stuhl vor den Monitoren zwei Mann, die Nachtschicht. Ich gebe meine Papiere ab. Bis ich dran bin, wird es noch mindestens eine Stunde dauern, eher länger. Ich setze mich ans Steuer, höre Musik. Einschlafen darf ich nicht, denn dann verpasse ich vielleicht den Anschluß und bin noch später dran.

Als ich endlich beladen aus dem Werk rolle, ist es kurz nach elf. Ich merke, wie müde ich bin. Nachtfahrt. Die Lichter der entgegenkommenden Autos blenden. Wenn einer die Scheinwerfer zu hoch eingestellt hat oder aufgeblendet fährt, schmerzen mir die Augen. Plötzlich vor mir das Aufleuchten der roten Bremslichter. Stau? Ein Unfall? Ich bremse vorsichtig ab. Im vorderen Tank, einem 11 000-Liter-Tank, habe ich nur 6500 Liter geladen. Also knapp über die Hälfte. Das Zeug schwappt bei jedem Bremsen vor und zurück. Wenn man stark bremst, drückt alles nach vorn. Wenn der Wagen dann steht, schwappt es wieder zurück und – das ist die Gefahr – noch einmal nach vorn. Wer dann den Fuß schon von der Bremse genommen hat, erlebt eine böse Überraschung: Der Wagen springt vor. Noch gefährlicher ist eine solche Ladung in der Kurve. Da hat sich schon mancher Kollege im Straßengraben wiedergefunden. Immer wieder leuchten die Bremslichter vor mir auf, und ich muß meine Geschwindigkeit weiter reduzieren. Aber kurz darauf geht es wieder zügig weiter. Kein Unfall, kein Stau, nur eine kurze Verkehrsstockung. Zum Glück ist nichts passiert. Bei jedem Stau, jedem Unfall, der mir begegnet, ist sie da, die Angst, daß etwas passiert sein könnte, die Angst, daß es mir passieren könnte.

Dunkelheit. Eintönig rollt mein Wagen dahin. Vereinzelt Pkw, die mich überholen, sie sind nachts schneller, man muß die Entfernung genauer abschätzen. Bergauf. Vor mir kriecht ein 1628 Daimler, der am Berg so verflucht langsam ist. «1628», das heißt, er hat 16 Tonnen und 280 PS. Zum Glück ist hinter mir alles dunkel und so kann ich schnell an ihm vorbeiziehen. Hier einmal seinen Schwung verlieren, hier bremsen, heißt runter bis auf 15 oder 20 km, heißt runter in den dritten oder sogar zweiten Gang. Und dann oben wieder mühsam Geschwindigkeit gewinnen. So aber ist es gut. Vorbei. Im Rückspiegel sehe ich schon seine Scheinwerfer. Er blendet auf, jetzt weiß ich, daß ich mit meinem Auflieger vorbei bin. Gerade in der Dunkelheit täuscht das. Das gegenseitige Zeichengeben ist keine Spielerei.

Der Weg nach Hamburg ist lang. Immer wieder langezogene Steigungen. Mein Nacken tut mir weh. In kurzen Abständen reibe ich mir die Augen. Nachts zu fahren ist ungeheuer eintönig. Da ist nichts außer der Dunkelheit. Nur die Armaturen leuchten. Drehzahlmesser, Geschwindigkeit, Öldruck, Bremsen okay, und der Fahrtenschreiber, die Uhr. Wie spät ist es? Erst Viertel vor eins. Ich dachte, ich hätte schon mehr geschafft, seit ich vor zwanzig Minuten das letzte Mal auf die Uhr gesehen habe. Im Radio Verkehrsnachrichten, die Schnee und Eis ankündigen. Da oben in Norddeutschland muß ein ganz schönes Verkehrschaos sein. Ich bin gespannt, wie das morgen früh dort ist. Ob Schnee liegt?

Jetzt kommt das Nachtprogramm. Hervorstechendes Merkmal: unendlich langweilig. Einschläfernde Musik zum Träumen. Können sich die Musikredakteure nicht vorstellen, daß es Leute gibt, die den Verkehrssender hören und nicht schlafen wollen? Nach kurzer Zeit höre ich die Musik nicht mehr – ich fange an zu träumen, lasse meine Gedanken treiben, zurück zu dem heutigen Tag, nach Hause, zu den Kindern. Ich beschließe, daß ich jetzt noch eine Stunde fahren will und mich dann für ein paar Stunden aufs Ohr lege. Ich schiebe eine Kassette ein, die mein Chef im Wagen gelassen hat: Country- und Truckermusik. Es ist erstaunlich, wie manche Kollegen auf so etwas abfahren. Truckerromantik. Das letzte Abenteuer, der einsame Cowboy, Kapitän der Landstraße, Herr über 40 Tonnen auf Rädern. Da schwingt eine Menge Stolz mit, trotz Unterbezahlung und Termindruck.

Ich kämpfe gegen die Müdigkeit, will noch eine halbe Stunde fahren. Dann habe ich später nicht mehr soviel. Musik lauter, dann das Fenster heruntergedreht, auch die frische Luft hilft. Die Kollegen, die rauchen, wenden oft den «Knietrick» an, wenn sie kurz vor dem Einschlafen sind. Eine brennende Zigarette in die rechte Hand, die auf dem Knie liegt. Nickt man ein, verbrennt man sich die Hose und vom Schmerz wird man wach. Ob das immer klappt? Ich versuche es weiter mit Essen, lauter Musik und frischer Luft. Aber irgendwann hilft das auch nicht mehr.

Plötzlich schrecke ich hoch und reiße die Augen auf. Für einen kurzen Moment bin ich eingenickt. Der Wagen rollt noch auf der Straße, mit den rechten Rädern aber bin ich schon auf dem Randstreifen. Ich ziehe wieder nach links auf die Fahrbahn. Zum Glück habe ich beim Aufschrecken das Lenkrad nicht verrissen, denn wenn der schwere Tankzug einmal ins Schleudern gerät, ist es schon fast vorbei. Nur einen kleinen Schwenker habe ich gemacht. Einen kurzen Augenblick nur hatte ich die Augen zu, auch jeder Pkw-Fahrer kennt das. Aber wieviel gefährlicher ist das mit 26 Tonnen Chemie im Rücken. Wie viele Unfälle wirklich durchs Einschlafen verursacht werden, weiß niemand, aber die meisten Kollegen geben zu, daß sie schon einmal am Steuer eingeschlafen sind. Entweder man fährt übermüdet oder man schafft die Termine nicht.

Der Schreck hat mir gereicht. Auf dem nächsten Autobahnparkplatz fahre ich ab. Nachts zwischen zwei und fünf Uhr sind die Parkplätze von Lkw überfüllt, denn da haben alle ihren Tiefpunkt und schlafen ein paar Stunden. Manchmal muß man zum nächsten weiterfahren, weil kein Platz ist. Motor aus, Handbremse angezogen. Plötzlich Stille. Das stundenlange Dröhnen des Motors klingt im Kopf nach. Ich bin so müde, daß ich sofort im Sitzen einschlafen könnte. Das machen viele Kollegen auch. Man legt den Kopf aufs Lenkrad, läßt die Arme herunterbaumeln, und nach einiger Zeit wacht man vor Schmerz wieder auf. So braucht man keinen Wecker. Ich stelle den Tachografen auf «Schlafen», ziehe die Vorhänge zu und klettere langsam von meinem Sitz. Ich ziehe mich aus – was in der engen Fahrerkabine gar nicht so einfach ist –, klappe das Bett herunter und schlüpfe in meinen Schlafsack. Seit ich gestern morgens um vier Uhr aufgestanden bin, sind über 21 Stunden vergangen. Jetzt bin ich zwar hundemüde, aber noch so aufgedreht, daß ich zunächst nicht einschlafen kann. In Gedanken fahre ich immer noch, spüre in meinem Körper das Vibrieren des Motors... jetzt schnell schlafen... gleich mußt du weiter... schlaf ein jetzt... was die wohl zu Hause machen... gleich geht's weiter... nach Hamburg...

Nach einer Stunde schrecke ich hoch. Neben mir startet ein Kollege seinen Lkw. Der Dieselmotor stinkt, die dunkle Abgaswolke weht direkt in mein Fenster. Der Schlaf in der kleinen Koje ist sehr oberflächlich und unruhig. Wenn man zu zweit ist und der Kollege fährt, dann spürt man jede Kurve, jedes Schlagloch, und bei jedem Abbremsen wird man wach. Die Koje ist so eng, daß man sich im Schlaf kaum umdrehen kann. Dazu kommt: mein Wagen hat keine Standheizung. Dafür hat mein Chef kein Geld. Also muß ich alle zwei Stunden, wenn es jetzt im Winter doch zu kalt wird, ein paar Minuten Motor und Heizung laufen lassen. Sehr zur Freude meiner schlafenden Kollegen in den Lkw um mich herum.

Dienstag

Mein Wecker klingelt, es ist fünf Uhr. Jetzt muß ich mich aber beeilen, denn bald setzt der morgendliche Berufsverkehr ein. Und Hamburg ist noch weit. Motor an, damit es schnell warm wird. Noch während ich an meinem kleinen Frühstück, einem Apfel, kaue, rollt mein Tankzug vom Parkplatz auf die Autobahn. Ein prüfender Blick auf alle Armaturen, dann geht's los. Das Wetter ist saumäßig, es regnet. Kurz hinter Bad Hersfeld fängt es an zu schneien. Jetzt muß man verflucht aufpassen. Ich fahre durch die Kasseler Berge. Die Strecke wird schwieriger, aber auch interessanter. Bergauf werde ich ganz langsam, muß dauernd herunterschalten. Aber auch bergab kann man den Wagen nicht laufen lassen. Immer wieder muß ich bremsen, um nicht zu schnell zu werden.

Im Radio laufen Verkehrsmeldungen: «Straßenglätte und Schneefall behindern den Verkehr in weiten Teilen von Nordrhein-Westfalen, Rheinland-Pfalz, Niedersachsen, Hamburg und Schleswig-Holstein. Betroffen sind auch die Autobahnen. Zusätzlich behindert Nebel mit Sichtweiten unter 50 Metern den Verkehr in Nordfriesland und Niedersachsen!» Na, da hab ich ja einiges vor mir. Es regnet in Strömen, immer wieder tauchen kleine Nebelbänke auf. Jetzt wird der Nebel dichter. Manchmal fahre ich in ein graues Loch hinein. Also runter mit der Geschwindigkeit. Ich fahre mit 50 bis 55 km/h, manchmal noch langsamer. An meinen Termin um sieben Uhr ist überhaupt nicht mehr zu denken. Wenn ich viel Glück habe, bin ich mittags in Hamburg. Gegen neun Uhr telefoniere ich mit meiner Disposition und kündige meine Verspätung an. An einer Raststätte schlafe ich eine halbe Stunde, am Steuer sitzend. Die Fahrt durch Schnee, Regen und Nebel ist ungeheuer anstrengend. Erst kurz hinter Hannover klart das Wetter auf und das Fahren wird angenehmer.

Erst am frühen Nachmittag erreiche ich Hamburg. Das Entladen geht relativ schnell, dann fahre ich nach Veddel, wo die Tankspedition ihr Büro hat. Dort kann ich auch den Tank reinigen lassen und tanken. Der Disponent ist sauer, weil ich den Termin nicht geschafft habe. Die Quittung dafür bekommt mein Chef in der nächsten Woche: Zwei Tage steht der Wagen in Ludwigshafen still, weil angeblich keine Ladung da ist – das kostet ihn eine Menge Geld. Auf diese Art und Weise können die Disponenten mißliebige oder nicht «funktionierende» Subunternehmer bestrafen. Sie entscheiden über Wohl und Wehe eines Subunternehmers, sie vergeben gute und schlechte Touren, entscheiden, wer gut verdient und wer nichts bekommt.

Gleich nach dem Entladen muß ich zum Hafen. Schnell, denn dort kann nur bis 18 Uhr geladen werden. Wenn ich das nicht schaffe, muß ich bis morgen früh warten. Berufsverkehr, auf den Elbbrücken ist eine Baustelle, und der Verkehr staut sich. Ich komme noch gerade rechtzeitig. Mein Wagen ist der letzte, der beladen wird. Natriumchlorit. Das Zeug soll in die Niederlande, in die Nähe von Amsterdam. Dort bekomme ich Rückladung für Süddeutschland. Jetzt, kurz vor Feierabend geht das Beladen schneller als gewöhnlich. Keiner achtet mehr auf Sicherheitsmaßnahmen, Schutzhandschuhe oder Schutzbrille. Schnell rangiere ich den Tankzug unter die Leitung. «Stopp!», der Kollege gibt mir ein Zeichen. Motor aus, Handbremse angezogen. Ich springe aus dem Wagen, greife wie automatisch nach meinen Arbeitshandschuhen, die neben dem Fahrersitz liegen, gehe um den Auflieger herum und klettere nach oben. Als ich das Rohr mit dem Schlauch zu mir herüberziehe und den Schlauch in den Tank halte, tropfen mir von oben Produktreste auf den Kopf und meine Jacke. Zum Glück macht das meiner Lederjacke nicht viel aus.

Auch der Kollege an der Waage hat es eilig, in fünf Minuten ist Feierabend. Ein Knopfdruck, die Waage zeigt 41 300 – also knapp eine Tonne überladen. Aber das macht nichts, das ist noch innerhalb der Toleranzgrenzen. Ich steige ein und fülle meine Papiere aus: Internationaler Frachtbrief, Fahrtenbuch, Lieferschein. An Hand der Karte suche ich mir meine Fahrtroute heraus. Komme ich mit dem Tankinhalt hin? Wo kann und muß ich tanken? Mein Chef hat mir kein Geld mitgegeben. «Fahren Sie dahin, wo auf Rechnung getankt werden kann!» Also bei den Filialen der großen Tankspedition, für die wir fahren. Ich muß genau meine Fahrtstrecke und den Dieselverbrauch ausrechnen. Wehe, es kommt etwas dazwischen. Hamburg–Amsterdam, dann weiter nach Rotterdam, da kann ich tanken. Also kann's losgehen.

Durch die Kaianlagen am Hafen und über die Köhlbrandbrücke fahre ich zügig zur Zollstation Waltershof. Viel ist dort im Moment nicht los. Ich parke in der Reihe abgestellter Lkw und gehe zum

Zollschalter. Es dauert nicht lange, zwei Stempel, dann kann ich weiterfahren. Die Zollpapiere sind schon ausgefüllt. Werksverzollung heißt das. Über die Autobahn rolle ich westwärts. Die dunklen Wolken haben sich verzogen, und jetzt dringen zaghaft einige Strahlen der untergehenden Sonne auf die Straße. Der Himmel klart weiter auf, und ein wunderschöner Sonnenuntergang färbt die Landschaft. Im Radio läuft Rockmusik, und ich bin guter Laune. Langsam wird es dunkel, ich schalte die Beleuchtung ein. Hinter Oldenburg hört die Autobahn auf. Die Fahrt auf der Landstraße läßt meine Stimmung weiter steigen. Das ist einfach abwechslungsreicher. Man muß aufpassen, entgegenkommende Wagen, Querverkehr, kleine Ortschaften, hier und dort sogar eine Ampel an einer Dorfkreuzung.

Gegen elf Uhr bin ich an der Grenze. Der Zollbeamte nimmt meine Papiere, vier, fünf Stempel, schon kann ich weiter. Die Grenzabfertigung geht meistens ziemlich schnell. Hauptsache, alle Papiere sind in Ordnung, und überall sind die notwendigen Angaben gemacht, zum Beispiel der Wert der Ladung. Denn danach werden die notwendigen Zoll- und Steuerabgaben berechnet. Keiner fragt danach, ob der Tankwagen überhaupt für Gefahrgut zugelassen ist, ob ich den notwendigen Führerschein habe und ob die Ladung als Gefahrgut gekennzeichnet ist. Und es interessiert auch niemanden, wieviel Stunden ich bereits gefahren habe. Bald wird hier überhaupt kein Zollbeamter mehr sitzen. Denn in Zukunft soll die Zollkontrolle an den Computer-Terminals in den großen Transportkonzernen von den Firmen selbst durchgeführt werden.

In Drachten, kurz hinter Groningen, wird es wieder etwas neblig. Auf dem langen Damm, der das Ijsselmeer von der Nordsee trennt, mache ich fünf Minuten Pause, lasse mir den frischen Nordseewind um die Nase wehen. Das verscheucht die Müdigkeit. Es ist vollkommen dunkel, ich kann das Meer nur ahnen und hören. Gegen drei Uhr nachts bin ich am Ziel. In dem Gewerbegebiet am Rande der Kleinstadt suche ich die Fabrik, in der ich meine Ladung abliefern soll. Alles dunkel und geschlossen. Also stelle ich meinen Wagen direkt vor das Fabriktor und lege mich in der Kabine schlafen. So habe ich auf jeden Fall vier Stunden Schlaf, denn vor sieben Uhr morgens wird sich das Tor nicht öffnen. Und irgend jemand, wahrscheinlich der Pförtner, wird mich dann wecken.

**Heißer Dampf erfüllt die Reinigungshalle. In der Luft liegt der
Gestank von Lösungsmittel und
Produktresten.**

Mittwoch

«Hallo, opstehen!» Klopfen an der Tür und eine freundliche holländische Stimme wecken mich. Es ist schon halb acht. Nach ein paar Minuten bin ich angezogen. Der Pförtner zeigt mir, wo ich zum Entladen hin muß. An den Tanks ist weit und breit kein Mensch zu sehen. Ich muß erst den Lademeister suchen. Der nimmt kurz die Papiere entgegen, zeigt mir, wo der Anschluß ist, an dem der Schlauch angeschlossen wird, dann ist er wieder weg. Hier muß ich alles selbst machen. Ich schalte das Aggregat ein, und der Motor drückt mit Preßluft die Ladung langsam in den großen Tank. Ich will frühstücken, möchte mich waschen, aber ich kann ja den Wagen nicht verlassen, muß das Entladen beaufsichtigen. Über eine Stunde dauert die Prozedur, dann sind die beiden Tanks leer, und ich kann in die Werkskantine gehen und frühstücken.

Ich lasse mir Zeit, lese in Ruhe noch eine Zeitschrift und so ist es bereits kurz vor zehn, als ich losfahre. Heute nacht um kurz nach zwölf habe ich die Tachoscheibe gewechselt und so offiziell jetzt fast zehn Stunden Ruhezeit. Auf dem Papier ist alles in Ordnung. In Wirklichkeit waren die zehn Stunden «Ruhe» drei Stunden Fahren, vier Stunden Schlaf, fast zwei Stunden Entladen und eine Stunde Frühstücken.

Mein nächstes Ziel ist Botlek, das Industriegebiet im Süden von Rotterdam. Dort liegen die großen Chemiefabriken, dort ist der Petroleumhafen. Rechts und links der breiten, zweispurigen Straße stehen hinter wuchtigen Zäunen die Lager und Tanks der Chemie- und Mineralölkonzerne. Ich soll bei der Firma Panocean laden, doch der Pförtner hat eine Nachricht für mich: sofort in der Firma anrufen. Es gibt eine Änderung. Ich soll nun doch nicht in Rotterdam laden, sondern weiter nach Antwerpen, dort reinigen und dann bei der BASF laden für Hamm, im Norden des Ruhrgebiets. 25 000 Liter Salzsäure. Also weiter. In einem kleinen Ort mache ich eine halbe Stunde Mittagspause, gehe Geld wechseln und kaufe ein paar Sachen ein: Obst, Milch, Joghurt und vor allem guten Käse aus Holland. Als Reiseproviant und Mitbringsel für zu Hause.

Kurz nach Mittag bin ich hinter Breda und rolle auf Antwerpen zu. Vor mir vier, fünf Tankwagen. Bis zum großen Chemiekomplex der BASF sind es noch einige Kilometer. Die Wagen vor mir erhöhen die Geschwindigkeit und auch die Tankzüge hinter mir kommen schnell näher. Alle fahren um die Wette, denn jeder Tankzug, den man hier überholt, spart mindestens eine Viertelstunde Wartezeit am Schalter.

Vielleicht sogar mehr, wenn der Kollege dasselbe Produkt laden will und zur selben Beladestelle muß. Die Tachonadeln klettern auf 90, 95, 100. Bei 105 muß ich passen, mein Wagen bringt nicht mehr. Rechts vor dem Tor der BASF ist ein großer Lkw-Parkplatz. Ich stelle meinen Tankzug in die Reihe, nehme meine Papiere – den Abholschein habe ich bereits bei meiner letzten Pause ausgefüllt, damit's schneller geht – und gehe in das flache Gebäude. Vor dem Schalter stehen zehn, fünfzehn Kollegen, die ebenfalls ihre Abholscheine abgeben wollen. Der Raum ist überhitzt und die Luft zum Schneiden dick von Zigarettenqualm. Die Kollegen sind sauer. Einige warten schon über eine Stunde. Der Grund: bei BASF wird das Abholsystem über einen zentralen Computer geregelt. Und der ist ausgefallen. Jetzt besteht keine Möglichkeit mehr, die Aufträge «mit der Hand» abzufertigen, denn schriftliche Belege gibt es nicht mehr.

Ich weiß zwar meine Abholnummer, weiß auch genau, was ich für welchen Kunden laden muß, aber das nutzt nichts. Keiner kann das kontrollieren, bestätigen und entsprechend buchen. Also müssen alle warten, bis der Computer wieder funktioniert. Einige Kollegen erzählen, daß das wohl ab und zu passiert. Das letzte Mal haben sie fünf Stunden gewartet. Was will man hier in solchen Wartezeiten machen? Weit und breit ist nichts. Nur das Chemiewerk, kahle Fläche und ein Stück weiter die Scheldemündung. Und außer am Cola- oder Kaffeeautomaten kann man hier nirgendwo etwas zu essen oder zu trinken kaufen.

Nach zweieinhalb Stunden geht die Abfertigung endlich weiter, und nach einer weiteren halben Stunde bin ich bei meiner Beladestelle. Aber auch hier muß ich erst noch eine Stunde warten, bis der Tankwagen vor mir beladen ist. Das kostet alles Geduld und Kraft, und die Warterei geht ziemlich auf die Nerven. Ich esse ein Butterbrot und versuche, ein wenig zu lesen. Doch ich kann mich auf das Buch nicht konzentrieren. Ich bin einfach zu erschöpft.

Als ich endlich aus dem Werk rolle, ist es bereits dunkel. Die gelben Lichter der Straßenbeleuchtung sind nur verschwommen zu sehen. Dichter Nebel liegt über dem Land. Wie so oft, denn direkt neben dem Industriegelände liegt die Scheldemündung. Auf dem Weg vom Pförtner zum Wagen gehe ich wie auf Watte, der Nebel schluckt alle Geräusche. Hoffentlich wird er nicht noch dichter. Antwerpen–Aachen, die Strecke kenne ich fast auswendig. An der Raststätte ein paar Kilometer hinter Antwerpen mache ich eine Pause. Die Müdigkeit steckt mir in den Knochen. Nach dem Essen geht es mir schon wieder etwas besser. Bis kurz vor der Grenze halte ich durch, dann fahre ich einen Parkplatz an und lege mich schlafen.

Im Traum fahre ich weiter, mit meinem Tankzug auf gefährlichen Straßen, durch ein großes, düsteres Industriegelände, rechts und links große Tanks, beim Ausladen weiß ich plötzlich nicht mehr, wo der Schlauch befestigt werden muß, die Kollegen lachen. Weiterfahrt, vor mir ein Stau, die roten Lichter leuchten auf, Stau, bremsen, los, warum bremst der nicht, das muß doch gehen, verdammt noch mal, bremsen, sonst ist es zu spät, bremsen, bremsen, bremsen, halt! Schweißgebadet wache ich auf. Gerade zwei Stunden habe ich geschlafen. Ich schlafe wieder ein, diesmal ohne Alptraum. Fünf Stunden später klingelt mein Wecker.

Donnerstag

Bei regnerischem Wetter fahre ich über die Autobahn in Richtung Köln. Um halb fünf heute morgen bin ich aufgestanden. Mir geht es gut, ich fühle mich einigermaßen frisch. Komisch, wenn ich so während der Woche unterwegs bin, habe ich das Gefühl, daß sich mein Schlafbedürfnis erheblich reduziert. Dann reichen mir vier, fünf oder sechs Stunden. Das ist wohl im wesentlichen psychologisch bedingt, die Termine drücken. Mehr Schlaf kann ich mir einfach nicht leisten. Nur drei Kilometer von hier ist meine Wohnung, aber ich habe keine Zeit, denn ich muß heute noch neu laden und wer weiß, wohin es dann geht. Wenn ich eine einigermaßen gute Tour bekomme und mich beeile, kann ich vielleicht schon morgen abend zu Hause sein.

Bei Dortmund biege ich von der Autobahn ab und fahre durch die Stadt zu einer Aluminiumfabrik, bei der ich abladen muß. Der Lademeister hat mich schon erwartet, denn das Produkt wird dringend gebraucht. Während er sich um das Entladen kümmert, rufe ich bei meiner Firma an. Der Disponent gibt mir meinen nächsten Auftrag: nach Langenfeld zum Reinigen, dann bei BAYER laden und nach Stade. In Hamburg bekomme ich dann meine Rückladung nach Uerdingen. Entladen wird aber erst am Montagmorgen, so daß ich den Lkw auf den Hof der Spedition stellen kann. Zunächst also zurück in Richtung Köln. Ich bin froh, denn ich kann davon ausgehen, daß ich auf jeden Fall am Wochenende zu Hause bin.

Auf der Rückfahrt mache ich an einer Raststätte halt, um einen

Kaffee zu trinken. Auf dem Parkplatz steht ein VW-Bus der Gewerkschaft ÖTV. Fernfahrerbetreuung. Kaum habe ich gehalten, kommt der Kollege zu mir, bringt mir einige Broschüren und Flugblätter. Er hat selber früher jahrelang Lkw gefahren, kennt den Job. Im September soll die EG-Verordnung in Kraft treten, nach der die Lenkzeiten in der gesamten EG von jetzt 48 auf 56 Stunden erhöht werden sollen. Dagegen läuft die Gewerkschaft Sturm mit ihrer Kampagne «Übermüdung tötet!» Alle Fernfahrer schimpfen zwar laut über ihre Situation, aber es ist ungeheuer schwer, die Kollegen zu aktivieren. Die Isolation, in der die Fernfahrer durch die Lande fahren, und die Ideologie vom «Kapitän der Landstraße» setzen solidarischem, organisiertem Handeln enge Grenzen.

Gegen 18 Uhr bin ich bei der Reinigung in Langenfeld. Vor mir wartet nur ein Tankzug, und so bin ich bald an der Reihe. Am Rande des Geländes steht ein Tankcontainer. Es dampft stark, und Lösungsmittel läuft in die Kanalisation. Offenbar wird er richtiggehend «ausgekocht». Wer weiß, was vorher drin war. Was hier wohl alles an Produktresten und Lösungsmitteln zusammenläuft und dann in unserer Kanalisation landet? Ob das irgend jemand kontrolliert?

Kurz nach sieben rolle ich durch Tor 6 beim BAYER-Werk in Leverkusen. Hunderte von Lkw fahren hier täglich ein und aus, beladen mit Tausenden von Tonnen Chemikalien. Die Papiere, Begleitschein, Abholschein, die Gefahrgut-Papiere vom Wagen, meinen Gefahrgut-Führerschein habe ich zur Hand, der notwendige «Fahrzeugdurchlaßschein», der bei BAYER vorgeschrieben ist, ist bereits ausgefüllt, und so bin ich schnell abgefertigt. Ich ziehe den Wagen bis zur Waage vor. Halten, aussteigen, Wiegekarte entgegennehmen. Durch einen Tunnel fahre ich ins innere Werk, links, die lange Fabrikstraße entlang, dann wieder rechts und an der zweiten Kreuzung wieder links. Dann bin ich bei meiner Beladestelle. Überall stehen hier Fässer, Waggons und Tanks herum, aus manchen dampft und zischt es. Gefahrgut-Schilder säumen den Weg: Vorsicht, giftig, ätzend, hochexplosiv, Handschuhe und Schutzbrille tragen, Betreten verboten, Vorsicht, Blausäurebereich. Wenn hier einmal ein Brand ausbricht, kann es leicht zu einer Katastrophe kommen.

Der Lademeister nimmt meine Papiere und fragt nach dem Reinigungsattest. Diesmal habe ich ja wirklich bei einer offiziellen Reinigung gereinigt und es ist alles in Ordnung. Auch hier zischt, dampft und tropft es beim Beladen an einigen Stellen. Vor zwei Wochen habe ich an einer anderen Beladestelle einige Tropfen mitbekommen. Ein paar Stunden später hatte ich dann plötzlich ein Brennen und Jucken auf der Kopfhaut, und meine Jacke hatte einige weißgeätzte Flecken. Ein Kollege erzählte mir von einer Ladestelle, an der die Lkw und die Eisenbahnwaggons am selben Platz beladen werden. Wenn der Tank voll ist, muß der Fahrer den Schlauch und das ganze Gestell hochstemmen und einhängen. Dabei steht er aber direkt darunter, so daß er immer einiges von der Ladung mitbekommt. Was soll man machen? Kollegen, die sich beschwert haben, bekamen die Antwort: «Dann braucht ihr ja nicht wieder zu kommen!» Aber welcher Fahrer kann das seinem Chef sagen?

Ich lade Eisentrichloridsäure, hier heißt das einfach «Eisen drei». Während die Säure einläuft, stecke ich schon die Gefahrgut-Schilder: oben die 80 = ätzend, unten 2582. Nach dem Beladen muß man zur «Probeentnahme». Von jeder Ladung wird hier eine Probe genommen, für eventuelle Kundenreklamationen. Ich habe eine halbe Stunde Zeit, bis die Papiere abgefertigt sind. Am Schalter treffe ich einen Kollegen, der für die gleiche Tankspedition fährt. Er ist sauer. Er muß nach Frankreich und wird das Wochenende über irgendwo in Südfrankreich auf einem Parkplatz verbringen, denn er bekommt erst am Montagmorgen wieder neue Ladung. So ein Parkplatz-Wochenende ist eine nervenaufreibende Sache. In irgendeiner Kneipe trinkt man einen, damit man gut und lange schlafen kann, denn dann kommt der lange Sonntag voller Langeweile. Etwas spazierengehen, lesen, Radio hören, schlafen. Man versucht, irgendwie die Zeit totzuschlagen, bis das Wochenende vorbei ist und man – endlich – wieder etwas zu tun hat.

Ich habe diesmal Glück, weiß, daß ich am Wochenende zu Hause sein werde. Wenn alles sehr schnell klappt, sogar schon in der Nacht von Freitag auf Samstag. Gegen 21 Uhr fahre ich aus dem BAYER-Werk. Ich will es auf jeden Fall noch bis hinter Münster schaffen, die Hälfte der Strecke, und dann auf einem Rastplatz ein wenig schlafen. Die Vorfreude auf das Wochenende macht mich munter und beschwingt. Aber ich bemerke auch die körperlichen Warnsignale, die brennenden Augen, den steifen Nacken und die verspannten Schultern. Ich habe die freien Tage dringend nötig.

Freitag

Sechs Uhr morgens. Mein Proviant geht langsam zur Neige, und so
gehe ich zur Raststätte, trinke einen Kaffee und esse ein Brötchen.
Dann schnell weiter. In Bockel geht es von der Autobahn runter auf
die B 71, eine schöne Landstraße, die durch die flache niedersächsi-
sche Landschaft führt. Wiesen, kleinere Waldflecken, Weiden, Bü-
sche und Sträucher geben der Landschaft rechts und links der Straße
ein abwechslungsreiches Gesicht. Ab und zu komme ich durch kleine
Ortschaften. Tag und Nacht fahren hier die Tankwagen durch die
Dörfer, denn die meisten Fahrer, die zum großen Chemiewerk in
Stade wollen und von Süden kommen, benutzen diese Abkürzung.
Kurz hinter Bremervörde liegt die *Elmer Heide*, eine Kneipe direkt an
der Straße, an der viele Fernfahrer Pause machen. Auch ich will hier
einen Kaffee trinken. Seit über dreißig Jahren schon ist der Gastwirt
hier, hat früher selber mal gefahren. An jedem ersten Sonntag im
Monat macht die Gewerkschaft ÖTV hier ihren «Fernfahrer-Stamm-
tisch», an dem die Kollegen über alle Probleme und Sorgen diskutieren können. So etwas gibt es leider viel zuwenig.

Das Chemiewerk «Dow Chemical» liegt direkt hinter dem kleinen
Städtchen Stade, gleich an der Elbe. Beim Pförtner bekomme ich
meine «Sicherheitsausrüstung», einen Helm und eine Atemmaske für
Notfälle. Das ist mir noch bei keinem anderen Werk passiert. Als ich
meine Ladestelle erreicht habe und mit den Papieren in das flache
Gebäude gehe, komme ich in einen großen Raum. An der Wand sind
einige Monitore befestigt. Mehrere Arbeiter sitzen um einen Tisch
herum, zwei andere vor einem Steuerpult. Auf den Monitoren sind
gewaltige Rohre zu sehen, aus denen dicke Ströme von Flüssigkeit
herausschießen. Entsorgung. Chemieabwässer in die Elbe. Alles erlaubt natürlich. Das ist der Preis des Fortschritts.

Auf dem Weg nach Hamburg merke ich, daß es ziemlich stürmisch
geworden ist. Hoffentlich klappt das Beladen jetzt schnell. Am Freitag, wo es aufs Wochenende zugeht, hält wahrscheinlich keiner der
Kollegen mehr seine Pausen ein. Jeder weiß, je schneller er fertig ist,
desto früher ist er zu Hause. Also mache ich keine Mittagspause, sondern esse beim Fahren ein Butterbrot und trinke eine Tüte Milch.
Aber es geht ja eigentlich fast die ganze Woche so: Gegessen wird
nicht etwa dann, wenn man Hunger hat, sondern dann, wenn es möglich ist, wenn man sowieso eine (Zwangs-)Pause machen muß.

Beim Reinigen und Beladen im Hamburger Hafen haben es heute

Ausspannen. Einfach dasitzen, abschalten, bis es weitergeht, wieder auf die Straße.

alle besonders eilig. Freitag nachmittag. Plötzlich gehen alle Formalitäten ruckzuck, jeder gibt sich Mühe. Die meisten Kollegen sehen die Familie eben nur an den Wochenenden, und dann passiert es vielen sogar noch, daß sie ein, zwei oder sogar drei Wochenenden im Monat irgendwo auf der Autobahn, in einem einsamen Industriegebiet, an einer Grenze oder einem Rasthof stehen und die Zeit totschlagen müssen. Ich bekomme «salzsäurehaltige Kupferchloridlösung aus dem Ätzverfahren», so steht es auf dem Unfallmerkblatt, kurz gesagt «Kupfer-ätz-Lösung». Gegen 19 Uhr bin ich fertig und kann losfahren. Wieder über die Brücke, ein kurzer Gang in die Zollbaracke, und schon rolle ich wieder auf der Autobahn gen Süden. Wenn ich durchfahre, vielleicht nur kurz zwei Stunden schlafe, kann ich morgen früh gegen vier, fünf Uhr in Köln sein. Meine Müdigkeit ist auf Grund dieser Aussicht wie weggeblasen. Eine anstrengende Woche. Aber eine Woche ohne besondere Vorkommnisse, wie man so schön sagt, ohne größere Probleme. Sicher, da war die unverschämte Zumutung des Disponenten, morgens früh in Hamburg zu sein, aber das habe ich eigentlich schon wieder vergessen. Da war auch die verdammte Müdigkeit, die unsäglichen Wartezeiten, die Kälte, der unruhige Schlaf in der engen Fahrerkabine. Aber es gab auch angenehme Momente, die Fahrt in den Sonnenuntergang in Ostfriesland, das kollegiale Gespräch, das Gefühl, die Arbeit ordnungsgemäß und gut geschafft zu haben. Insgesamt eine ganz normale Woche. Zwei Stunden Schlaf, wieder im Münsterland, dann kommt die letzte Etappe.

Samstag

Nachtfahrt. Noch einmal durchhalten und dann endlich ausschlafen, wieder in ein richtiges Bett. Ein Schild: Köln 36 Kilometer. Meine Laune steigt, bald habe ich's geschafft, dann ist Ruhe. Duschen, ausschlafen, entspannen. Etwas lesen, spazierengehen, irgend etwas mit den Kindern unternehmen. Aber viel Zeit bleibt nicht. Wenn ich einigermaßen ausgeschlafen habe, ist es bereits Samstagnachmittag. Nach so einer Woche ist man total erschöpft und kann eigentlich nicht genug Schlaf bekommen. Dann bleiben der Samstagabend und der kurze Sonntag. Denn die meisten Kollegen fahren Sonntagabend gegen 22 Uhr wieder raus, wenn das Sonntagsfahrverbot aufgehoben ist. Sonntagabend ab 22 Uhr füllen sich die Autobahnen der Bundesrepublik mit Lkw. Obwohl ja mittlerweile immer mehr Wagen mit Ausnahmegenehmigungen auch an Sonn- und Feiertagen fahren dürfen.

Autobahnring Köln. Nur noch ein paar Kilometer... An einer Abfahrt halte ich kurz, rufe von der Telefonzelle aus meine Freundin an und bitte sie, mich auf dem Hof der Spedition abzuholen. Die kennt das schon, hat bereits auf meinen Anruf gewartet. Im Industriegebiet ist alles dunkel. Noch eine Kurve, dann stehe ich vor dem Tor der Spedition. Der Pförtner sieht meinen Wagen, öffnet, dann endlich bin ich an meinem Wochenziel angekommen, habe Feierabend. Seit Arbeitsbeginn am Montagmorgen sind 120 Stunden vergangen. 98 Stunden Arbeit, mit nur kurzen Pausen, davon 57 Stunden hinter dem Lenkrad. Ich fühle mich im wahrsten Sinne des Wortes «gerädert». Nur 22 Stunden Schlaf, nie länger als drei bis fünf Stunden an einem Stück. Gefahren bin ich 3650 Kilometer, befördert habe ich rund 150 000 Liter. Eine ganz normale Woche, sagt mein Tagebuch. Für mich war dieser Job nach drei Monaten zu Ende. Für die vielen Kollegen aber geht das weiter, Woche für Woche, Monat für Monat, Jahr für Jahr.

Chemie oder Woher kommt die gefährliche Fracht?

Gefährliche Güter im Sinne dieses Gesetzes sind Stoffe und Gegenstände, von denen auf Grund ihrer Natur, ihrer Eigenschaften oder ihres Zustands im Zusammenhang mit der Beförderung Gefahren für die öffentliche Sicherheit oder Ordnung, insbesondere für die Allgemeinheit, für wichtige Gemeingüter, für Leben und Gesundheit von Menschen sowie für Tiere und andere Sachen ausgehen können.»

Diese Begriffsbestimmung aus dem «Gesetz über die Beförderung gefährlicher Güter»[1] legt fest, was nach bundesdeutschem Recht unter Gefahrgut-Transporten zu verstehen ist. Nach einer Aufstellung des Statistischen Bundesamtes fielen im Jahre 1985 insgesamt etwa 377 Millionen Tonnen transportierter Güter unter diese Klassifikation.

Was sind das für Stoffe, von wem und zu welchem Zweck werden sie produziert, und worin besteht ihre Gefährlichkeit? Im Blickpunkt des öffentlichen Interesses steht seit einiger Zeit zu Recht der Transport radioaktiven Materials. Insgesamt allerdings machen die radioaktiven Stoffe nur einen Bruchteil des Transports gefährlicher Güter aus. Den Löwenanteil stellen die Produkte der Chemie- und Mineralölindustrie. Dabei sind die wesentlichen Mineralölerzeugnisse den meisten Menschen wohlbekannt. Es handelt sich um Treib- und Brennstoffe, und gefährlich sind sie, weil sie sich entzünden können. Die Katastrophe von Herborn hat dafür ein schreckliches Beispiel gegeben.

Weit weniger bekannt sind die Gefahren von Produkten der chemischen Industrie. Die Palette industriell hergestellter chemischer Substanzen ist schier unüberschaubar, ihre Zahl liegt weit über 60 000 und viele von ihnen sind hochgiftig, ätzend oder explosiv. Auch nachweislich krebserregende Chemieerzeugnisse sind keine Seltenheit. Um zumindest einen groben Überblick zu ermöglichen, sind im folgenden Kapitel einige grundlegende Informationen zur chemischen Industrie in Deutschland, zu ihren Produkten und Produktionszahlen zusammengestellt.

Neben der Elektronik-, Automobil- und Maschinenbauindustrie gehört die Chemieindustrie zu den größten Industriezweigen der Bundesrepublik. In den letzten zwanzig Jahren hat sie die Produktion mehr als verdoppelt. Ihr Umsatz betrug 1985 178,2 Milliarden DM und übertraf damit den aller anderen Wirtschaftssparten.[2] In der Rangliste der umsatzstärksten deutschen Industrieunternehmen im Jahre 1986 fanden sich auf den ersten sieben Plätzen gleich drei Chemiekonzerne – zählt man die Veba hinzu, sind es sogar vier –, und alle hatten sie ansehnliche Gewinne zu verzeichnen.

Die führenden Industrieunternehmen der BRD im Jahre 1986

Rang/Unternehmen	Branche	Umsatz in Mrd. DM	Gewinn in Mrd. DM
1 Daimler-Benz	Auto	65,4	1,7
2 VW	Auto	52,8	0,6
3 Siemens	Elektro	47	1,5
4 BASF	Chemie	42	0,9
5 Bayer	Chemie	40,1	1,5
6 Veba	Energie/Chemie	39,1	1,1
7 Hoechst	Chemie	38	1,4

Quelle: *Die Zeit*, Nr. 33, 7.8.1987

1985 betrug der Anteil der deutschen Chemieindustrie am Welt-Chemieumsatz 6,8 Prozent, das macht fast ein Drittel des gesamten EG-Umsatzes. Hinter den USA (28,9 Prozent), Japan (11,6 Prozent) und der UdSSR (10 Prozent) nahm sie in der Welt den vierten Platz ein. Über 50 Prozent ihres Umsatzes machen die deutschen Chemiefirmen heute mit dem Export. Sie setzen damit mehr chemische Produkte auf dem Weltmarkt ab als jeder andere Staat.[3]

In statistischen Angaben sind die Zahlen der chemischen Produktion oft auf den Umsatz in DM bezogen. Im Zusammenhang mit Problemen des Transports von Chemikalien interessiert aber im wesentlichen die Produktion nach Tonnen. In der folgenden Tabelle findet sich eine dementsprechende Aufstellung des Verbandes der chemischen Industrie (VCI) über die «wichtigsten Produktionszahlen» der Chemieindustrie der Bundesrepublik Deutschland.[4] Die Liste gibt allerdings nur einen Ausschnitt aus der Gesamtproduktion, enthalten sind nur anorganische und organische Industriechemikalien, die in großen Mengen hergestellt werden. Zwischenprodukte fehlen weitgehend, Endprodukte sind gar nicht enthalten. Dazu gehören etwa:

Pflanzenbehandlungs- und Schädlingsbekämpfungsmittel, Kunststoffe, Farben und Lacke, Arzneimittel, Seifen, Kosmetika, Wasch- und Reinigungsmittel und vieles andere mehr.

Produktionszahlen aus der chemischen Industrie von 1985 in Tonnen

Chlor	3 493 447
Ruß	387 134
Wasserstoff (Angaben in 1000 cbm)	772 482
Sauerstoff (Angaben in 1000 cbm)	4 347 345
Salzsäure, Chlorwasserstoff	945 185
Schwefelsäure, einschl. Oleum	3 428 041
Syntheseammoniak (Primärstickstoff)	1 907 514
Natriumhydroxid (Ätznatron und Natronlauge)	3 696 749
Aluminiumhydroxid (Tonerdehydrat)	1 656 579
Natriumsulfat	138 894
Natriumcarbonat	1 411 854
Ethylen	3 027 660
Propylen	1 665 975
Butadien, Butylene	1 553 446
Acetylen (in jeder Form)	208 790
Reinbenzole	1 239 718
Reintoluole	390 783
Reinxylole	495 187
Vinyl- u. Vinylidenchlorid	1 346 176
Methanol/Methylalkohol (Primärproduktion)	591 704
Ethanol (synthetisch)	87 496
Ethylenglykol	228 951
Formaldehyd	573 414
Acetaldehyd	329 986
Essigsäure (Primärproduktion)	297 740
Ethylacetat, Methylacetat, Butylacetat	157 124
Phtalsäureanhydrid	171 737
Weichmacher	400 228
chlorierte Lösemittel	399 000

In der Aufstellung des VCI sind die unterschiedlichsten Stoffe und Produkte enthalten, deren wirtschaftliche Bedeutung der chemische Laie meist ebensowenig einschätzen kann wie ihre Gefährlichkeit. Häufig hängen sie produktionstechnisch eng zusammen. In den verschiedenen Phasen eines Produktionsprozesses entstehen immer wieder neue chemische Grundsubstanzen, die teilweise zu Zwischen- und Endprodukten weiterverarbeitet werden, zum Teil aber auch als Abfall verbrannt oder deponiert werden müssen. So fällt bei jedem Glied der Produktionskette Chemiemüll an, bis hin zur schließlichen Vernichtung abgenutzter oder verbrauchter Endprodukte. An einigen wesentlichen in der Liste enthaltenen Beispielen sollen diese Produktionsverläufe und die dabei entstehenden Produkte und Abfälle kurz erläutert werden.

Chlor war ursprünglich lediglich ein Abfallprodukt der Chlor-Alkali-Elektrolyse zur Herstellung von *Natronlauge*. Heute gehört es mit einer Fülle von Verwendungsmöglichkeiten zu den wichtigsten Rohstoffen der chemischen Industrie. Allgemein bekannt ist es als Wasserdesinfektionsmittel, zum Beispiel in Schwimmbädern und Trinkwasseraufbereitungsanlagen. Weit bedeutender ist Chlor aber als Basis für die sogenannten chlorierten Kohlenwasserstoffe. Dazu gehören etwa Kunststoffe wie das PVC, das aus dem krebserzeugenden Vorprodukt *Vinylchlorid* gewonnen wird. Nach Gebrauch landet es als Haushaltsabfall in den Müllverbrennungsanlagen und wird dort bei der Verbrennung als *Salzsäure* in die Luft geblasen. Unter Verwendung von Chlor werden auch viele Pestizide und ebenso *Lösemittel* hergestellt, die nach der Verwendung verdunsten oder über die Müllverbrennung auf See ebenfalls als Salzsäure in unserer Umwelt enden. Beim Menschen können sich diese chlorierten Kohlenwasserstoffe im fetthaltigen Gewebe und in der Muttermilch anreichern. Sie sind offensichtlich mitverantwortlich für die Zunahme tödlich verlaufender Darmkrebserkrankungen in den Industrieländern. Bei ihrer Verbrennung können Dioxine entstehen.

Schwefelsäure ist ein wichtiger Chemierohstoff zur Herstellung von Düngemitteln, Farbstoffen, Waschmitteln und Kunststoffen. Am Ende der Produktionsprozesse liegt die Schwefelsäure in Form von Dünnsäure vor, gemischt mit den Rückständen aus über 200 verschiedenen Produktionsverläufen. Ein bekanntes Schwefelsäureprodukt ist der «Weißmacher» Titandioxid. Er wird überall dort verwendet, wo etwas «weiß» sein soll: in Lacken, Farben, Druckfarben, Gummi, Papier, synthetischen Fasern, Email, Zement, Kosmetik etc. Zur Zeit werden etwa 300 000 Tonnen Titandioxid pro Jahr in der BRD produziert. Dabei entstanden zum Beispiel 1980 2,09 Millionen Tonnen Produktionsrückstände (hauptsächlich Dünnsäure). Daß die allgemein übliche Verklappung der Dünnsäure in die Nordsee zu ungeheuren Umweltschäden führt, ist kein Geheimnis.

Benzol ist ein wichtiges Lösemittel und Ausgangsstoff der Aromatenchemie. Gewonnen wird es vor allem bei der Steinkohlevergasung. Es wird in der MAK-Wert-Liste (Maximale-Arbeitsplatz-Konzentration) als krebserzeugender Stoff aufgeführt. Dennoch wird Benzol zur Erhöhung der Klopffestigkeit als Zusatz ins Benzin gemischt, obwohl solch hohe Konzentrationen als Lösemittelzusatz nach der Gefahrstoff-Verordnung verboten sind.

Aus Benzol werden verschiedenartige Produkte hergestellt, zum Beispiel – unter zusätzlicher Verwendung von Chlor – das Lösemittel Monochlorbenzol, wobei als unbrauchbares Nebenprodukt Paradichlorbenzol entsteht. Die Industrie hat dieses «Entsorgungsproblem» gelöst, indem sie einfach das Paradichlorbenzol in ein «wertvolles Produkt» verwandelt hat, mit dem sich noch ein gutes Geschäft machen ließ: Es wurde als «WC-Duftverbesserer» zur angeblichen Desinfektion verkauft. Mittlerweile ist nachgewiesen, daß der Stoff keinerlei desinfizierende Wirkung in den Toilettenschüsseln hat.[5]

Durch die gezielte Synthese entstehen unter Verwendung von Benzol die Totalherbizide (Unkrautbekämpfungsmittel) 2,4,5-T (Trichlorphenoxiessigsäure) und 2,4,-D (Dichlorphenoxiessigsäure), die auch Bestandteile des in Vietnam eingesetzten Entlaubungsmittels «Agent Orange» waren und vermutlich für die bei Vietnam-Veteranen beobachteten Spätschäden mitverantwortlich sind. Wenige Tage nach der Brandkatastrophe bei Sandoz sind bei BASF durch einen Defekt im Kühlsystem diese Stoffe mit dem Kühlwasser in den Rhein geflossen.

Weiter entstehen durch fünf- und sechsmaliges Chlorieren von Benzol Pentachlorphenol und Lindan. Pentachlorphenol (PCP) ist ein desinfizierendes und pilzabtötendes Pulver (Fungizid), das unter anderem zur Konservierung und Unkrautbekämpfung, als Holzschutzmittel und als Zwischenprodukt in der Farb- und Arzneimittelproduktion eingesetzt wird. In der Bundesrepublik wird zur Zeit eine Verordnung für ein Verwendungsverbot PCP-haltiger Holzschutzmittel in Innenräumen erarbeitet, da sie noch lange Zeit nach dem Aufbringen giftige und wahrscheinlich dioxinhaltige Dämpfe entwickeln. Lindan ist der Handelsnahme für das Pestizid gamma-Hexachlorcyclohexan, das als Fraß-, Kontakt- und Atmungsgift schon in winzigen Mengen auf die meisten Insektenarten tödlich wirkt. Ein großes Problem stellt die Abfallbeseitigung dar. Bei der Firma Boehringer in Hamburg fiel bei der Verarbeitung der Lindan-Abfälle zu 2,4,5-Thrichlorphenoxiessigsäure das Seveso-Dioxin 2,3,7,8-TCDD an, was schließlich zur Schließung der Firma führte. Sämtliche hier genannten Benzolprodukte, vom Monochlorbenzol bis zu Lindan, sind zugleich auch Chlorderivate und gehören der Verbindungsklasse der chlorierten Kohlenwasserstoffe an.

Ebenso wie Benzol sind auch *Butadien* und *Formaldehyd* krebserregend, obwohl sich die MAK-Werte-Kommission bisher nicht dazu durchringen konnte, dies bei Formaldehyd in den technischen Regeln auch festzulegen, was weitreichende Folgen für die Verarbeitungs- und Produktionsbedingungen hätte.* Formaldehyd wird vor allem bei der Herstellung von Spanplatten verwendet. Eine Einordnung als «krebserzeugend» hätte den Umbau und die Veränderung ganzer Produktions- und Verarbeitungsbereiche zur Folge. Butadien wird zusammen mit Vinylchlorid und Styrol zu künstlichem Latex polymerisiert und birgt ein hohes Gesundheitsrisiko am Arbeitsplatz. Auch Styrol wird seit Jahren auf krebserregendes Potential untersucht.

Ethylen ist der Grundstoff für den bekannten und relativ umweltfreundlichen Kunststoff Polyethylen, der in Müllverbrennungsanlagen weitgehend ohne schädliche Abgase verbrannt werden kann. Auch *Propylen* ist ein solches Kunststoff-Vorprodukt.

---

* Die MAK-Liste krebserzeugender Stoffe unterscheidet verschiedene Stufen krebserzeugender Potentials:
A: eindeutig als krebserzeugend ausgewiesene Arbeitsstoffe,
A 1: Stoffe, die beim Menschen erfahrungsgemäß bösartige Geschwulste verursachen können,
A 2: Stoffe, die sich bislang nur im Tierversuch als eindeutig krebserzeugend erwiesen haben, und zwar unter Bedingungen, die der Situation der Menschen am Arbeitsplatz vergleichbar sind.
B: Stoffe mit begründetem Verdacht auf krebserzeugendes Potential. Vinylchlorid ist in der Kategorie A 1, Butadien unter A 2 und Formaldehyd unter B eingeordnet.

Eine große Zahl wichtiger chemischer Grundsubstanzen fehlt in der Liste des VCI. Als ein Beispiel für viele soll hier das hochgefährliche Zwischenprodukt Phosgen stehen, von dem jährlich in der Bundesrepublik etwa 280 000 Tonnen produziert werden. Phosgen ist ein sehr giftiges Gas, das bereits im Ersten Weltkrieg als Kampfgas («Grünkreuz») eingesetzt wurde. In der chemischen Industrie ist es ein gängiges Ausgangsprodukt für die Herstellung von Kunststoffen, Metallchloriden, Farbstoffen, Herbiziden und Insektiziden. Für viele Laboratoriumssynthesen konnten inzwischen weniger toxische Alternativen entwickelt werden, im industriellen Maßstab werden sie jedoch noch nicht angewendet.[6]

1978 untersuchte der TÜV Rheinland die Gefährdung der Bevölkerung bei einem angenommenen Unfall in der Phosgen-Produktion. Angenommener Ausgangspunkt war die Explosion eines Tanks mit 30 000 Litern Phosgen. Die TÜV-Studie kam zu erschreckenden Ergebnissen: «Innerhalb der ersten zehn Sekunden nach dem Unfall würde jedes Lebewesen im Umkreis von einhundert Metern augenblicklich getötet (ca. 50fache tödliche Dosis) ... Innerhalb von einer halben Stunde wäre in einem Areal von 1,7 Quadratkilometern (Zone A) jeder Mensch einer Dosis ausgesetzt, die bei jedem zweiten zum Tode führte, das sind bei einer mittleren Bevökerungsdichte wie zum Beispiel Köln über 2100 Personen.»[7]

Chemische Endprodukte sind, wie gesagt, in der Aufstellung gar nicht enthalten. Zwei Zahlen sollen hier zumindest eine Vorstellung von den Dimensionen vermitteln. So werden im Jahr in der Bundesrepublik etwa 150 000 Tonnen Pflanzenbehandlungsmittel produziert und über 1,3 Millionen Tonnen Farben und Lacke (darin etwa 100 000 Tonnen hochexplosive Verdünner). Im einzelnen stellen die beiden größten Chemieproduzenten in der Bundesrepublik, die Firmen BAYER und BASF, jeweils über 6000 verschiedene chemische Produkte her.

Auf das Problem des Abfallaufkommens bei der Chemieproduktion soll an dieser Stelle noch einmal gesondert eingegangen werden, denn bei der Umweltverschmutzung durch Chemikalien spielen Produktionsrückstände und Abfälle eine wesentliche Rolle. Das nebenstehende Schaubild verdeutlicht die Mengenrelation zwischen Endprodukt und Abfall am Beispiel einer Farbstoffproduktion.[8]

Ein großer Teil der Produktionsrückstände (nicht nur aus der Chemieindustrie) geht mehr oder weniger «geklärt» als Abwässer in die

Flüsse. Die Ökosysteme der großen deutschen Flüsse ebenso wie der Nordsee sind durch diese legalen Einleitungen mittlerweile weitgehend zerstört. Aus einer Untersuchung für das Jahr 1985 lassen sich relativ genaue Angaben über die jährliche Schmutzfracht des Rheins entnehmen. Demnach transportierte der Fluß 1985 «elf Millionen Tonnen Chlorid, 4,6 Millionen Tonnen Sulfat, 828 000 Tonnen Nitrat, 284 000 Tonnen organische Kohlenstoffverbindungen, 90 000 Tonnen Eisen, 38 250 Tonnen Ammonium, 28 400 Tonnen Phosphor, 4350 Tonnen Zink, 2500 Tonnen organische Chlorverbindungen, 681 Tonnen Kupfer, 665 Tonnen Blei, 578 Tonnen Chrom, 530 Tonnen Nikkel, 126 Tonnen Arsen, bis zu 13 Tonnen Cadmium und 6 Tonnen Quecksilber über die niederländische Grenze.»[9] Die Chemische Industrie ist, wie gesagt, nicht der alleinige Verursacher dieser Verschmutzungen. Auch die Haushaltsabwässer und die Metallindustrie tragen wesentlich dazu bei.

Viele Produktionsrückstände können weder geklärt noch davongespült werden, sie müssen als Abfall auf andere Weise «entsorgt» werden. Der Anteil der Chemieindustrie an diesem Abfallaufkommen ist beträchtlich: «Mehr als ein Viertel des Abfalls des Grundstoff- und

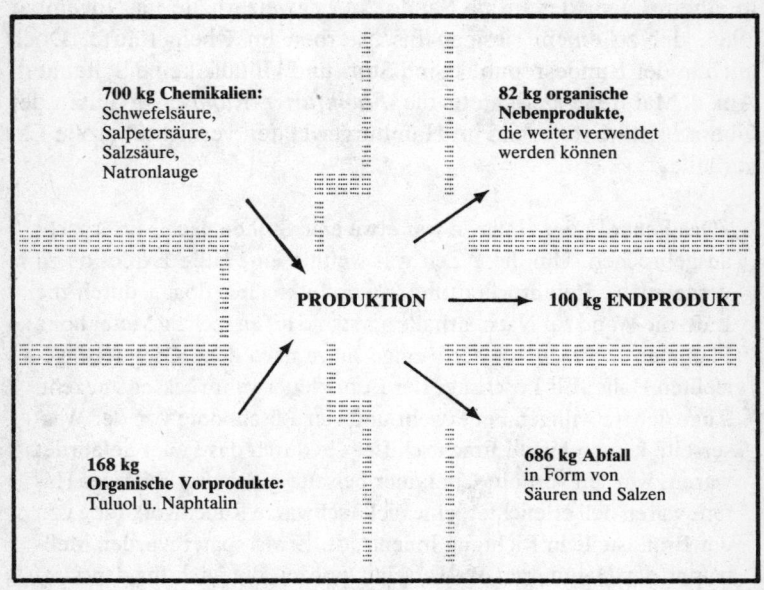

47

Produktionsgütergewerbes und die Hälfte der Abfallmenge, die bei Investitionsgütern anfällt, stammt von der Chemieindustrie. Die chemische Industrie zählt damit zu den abfallintensivsten Industriebranchen überhaupt.»[10] Man schätzt, daß pro Tonne chemischer Industrieerzeugnisse 160 kg Abfall beseitigt werden müssen. Dazu drei Beispiele:

Bei der jährlichen Produktion von etwa 30000 Tonnen Pflanzenbehandlungsmitteln fallen 10000 Tonnen Abfall an, bei 390000 Tonnen halogenhaltiger organischer Lösemittel liegt die Abfallmenge bei 142000 Tonnen, und die jährlich 1,3 Millionen Tonnen Farben und Lacke bringen über 140000 Tonnen Lack- und Farbschlämme mit sich.[11] Viele dieser Chemieabfälle sind Sondermüll. Ihr Transport und ihre Beseitigung wird uns an anderer Stelle noch beschäftigen.

Unfälle in der Produktion

Nicht nur beim Transport gefährlicher Güter, auch bei ihrer Produktion und Lagerung geschehen immer wieder Unfälle. Eines der aufsehenerregendsten Beispiele in jüngster Zeit war der Chemiebrand in einem Lager der Firma Sandoz in Schweizerhalle im November 1986, der zu einem riesigen Fischsterben im Rhein führte. Doch auch in der Bundesrepublik sind Stör- und Unfälle keine Seltenheit. Am 4. Mai 1985 berichtete die *Frankfurter Rundschau* unter der Überschrift «Großbrand im Hamburger Hafen vernichtet große Lagerhalle»:

«Das Feuer in der Halle 74 war etwa eine Stunde nach Mitternacht ausgebrochen. Um diese Zeit war weithin eine laute Explosion zu vernehmen. Steinbrocken und Katuschukballen flogen durch die Luft, die Wand zur Nachbarhalle barst und bis zu sechzig Meter hohe Flammen schlugen aus der wenige Jahre nach dem Krieg fertiggestellten Halle. Elf Löschzüge der Berufsfeuerwehr rückten an, zehn Züge der freiwilligen Feuerwehr und vier Löschboote von der Wasserseite kamen hinzu. Frachtschiffe, die durch das Feuer gefährdet waren, wurden verholt, Container beiseite geschafft, Teile des Hafens waren hell erleuchtet, eine dicke schwarze Rauchwolke zog von der Brandstelle in Richtung Innenstadt. Etwas später wurden Meßtrupps der Hamburger Wasserschutzpolizei, die auch für den Umweltschutz zuständig ist, ausgesandt. Sie sollten feststellen, ob mit dem Brand für die Menschen gefährliche Substanzen freigesetzt worden waren. Denn inzwischen hatte die Feuerwehr Listen mit Angaben über die Produkte, die in der Halle lagerten. Darunter befanden sich auch mehrere chemische Produkte wie das Bleichmittel Kaliumchlorad (sechzehn Tonnen) oder Natriumkarbonad ... Das Feuer im Hamburger Hafen hat die Frage aufgeworfen, ob gefährliche Substanzen dort sicher genug gelagert werden... Da ist etwa das Problem, daß Unternehmen, die verschiedenen Produkte, die verschifft werden sollen, zumeist gemeinsam in einer Halle lagern ... Darüber stellt sich die Frage, ob auch die neueren Vorschriften für die Lagerung gefährlicher Stoffe streng genug gefaßt sind ... auch am Donnerstagabend (war) zumindest für die Öffentlichkeit nicht klar, welche gefährlichen Stoffe nun genau im Unfallschuppen lagen.»

Am 17. Oktober 1987 brach in einem Chemielager in Düsseldorf ein Brand aus. Ein Feuerwehrmann berichtete: «Es war absolut chaotisch. Wir wußten nicht, wie wir uns verhalten sollten. Selbst Chemieexperten, die noch an den Unglücksherd geholt wurden, wußten nicht, was da brennt und welche Folgen das haben kann.»

NRW-Innenminister Schnoor forderte Konsequenzen, denn es dürfe nicht noch einmal passieren, «daß die Bevölkerung, die eingesetzten Feuerwehrleute und die Umwelt nur deswegen auf das höchste gefährdet werden, weil infolge einer lückenhaften bundesrechtlichen Regelung stunden-, ja tagelang keine ausreichenden Informationen über die gelagerten Gifte und ihre mögliche Bekämpfung zu erhalten waren».[12]

Solche großen, für jeden sichtbaren Unfälle, bei denen die Gefahren der modernen Großchemie in eklatanter Weise offenbar werden, sind die Ausnahme. Weit häufiger sind kleinere «Störfälle», die nur in den seltensten Fällen an die Öffentlichkeit dringen. Ungenehmigte Einleitungen von Chemikalien in die Flüsse etwa bleiben häufig unentdeckt, und das ist manchem gar nicht unlieb. So hat zum Beispiel der BASF-Konzern seinen Abwasserexperten Braha zunächst strafversetzt und dann entlassen, weil Braha schon 1982 die Kläranlage der BASF als untauglich beanstandet hat. 1984 flossen dann tatsächlich mehrere Millionen Kubikmeter giftige BASF-Abwässer in den Rhein, ohne daß die Warnanlagen dies angezeigt hätten.

Dennoch kam die Kölner Wissenschaftlergruppe «Katalyse» bei

einer Aufzählung der Stör- und Unfälle in chemischen Betrieben von 1980 bis 1986 allein im Großraum Köln auf 25 Fälle. So zum Beispiel:
– Dichlorethanbrand bei Dynamit Nobel in Lülsdorf,
– insgesamt sechs Störfälle bei Bayer Leverkusen
– Explosion einer Ethylen-Anlage bei der BASF-Tochter Rheinische Olifinwerke im Januar 1985. 29 Arbeiter verletzt...

Nach der großen Dioxin-Katastrophe in Seveso im Jahre 1976 wurde in der Bundesrepublik vom Gesetzgeber eine «Störfall-Verordnung» erlassen, die die Betreiber bestimmter chemischer Produktionen verpflichtet, Vorsorge- und Sicherheitsmaßnahmen zu treffen, Brandschutz- und Alarmpläne aufzustellen. Außerdem sieht die Störfall-Verordnung eine Meldepflicht vor, aber «selbst der Ethylen-Knall bei den Rheinischen Olifinwerken mit 29 Verletzten gilt im Sinne der Verordnung noch nicht als Störfall, sondern nur als ‹Störung des bestimmungsgemäßen Betriebes, bei der der Eintritt eines Störfalls nicht offensichtlich auszuschließen ist›. Als Störfall gilt nur, was ‹Gemeingefahr› birgt; die aber betrifft nur
– Lebensgefahr für Menschen, die nicht zum Bedienungspersonal gehören,
– Gesundheitsgefahren für eine ‹große Zahl› von Menschen oder
– ‹Sachen von hohem Wert außerhalb der Anlage›.»[13]

Eine Untersuchung der Industriegewerkschaft Chemie kam zu dem Ergebnis, daß durch die Störfall-Verordnung nur 5 Prozent der tatsächlichen Chemieunfälle meldepflichtig erfaßt werden. Dazu kommt, daß auch bei weitem nicht alle Betriebe von der Störfall-Verordnung erfaßt werden. So sind beispielsweise in Düsseldorf nur ganze drei Betriebe erfaßt, während die Stadtverwaltung mit ca. 500 «chemie-relevanten» Firmen rechnet. Der Innenminister von NRW fordert die «lückenlose Kontrolle» aller Betriebe, denn «die Meßlatte der derzeit gültigen Störfall-Verordnung liegt gefährlich hoch». In ganz NRW, so Innenminister Schnorr, würden mit fast 70 Milliarden DM rund 40 Prozent des bundesdeutschen Umsatzes der chemischen Industrie gemacht, dennoch seien bloße 320 Betriebe überhaupt erfaßt. «Eine chemische Grauzone, die eher einem chemischen Minen-Teppich gleichkommt.»[14]

In derselben Presseerklärung forderte der Innenminister außerdem:

«Eine auch von Feuer- und Katastrophendiensten elektronisch abrufbare Zentraldatei soll auf aktuellem Stand sämtliche gelagerten chemischen Produkte, ihre Zusammensetzung, ihren Handelsnamen und für den Ernstfall mögliche Schutz- und Löschmaßnahmen enthalten. Dabei können durchaus die bereits teilweise vorhandenen und im Ausbau befindlichen Systeme INFUCHS (Informationssystem für Umweltchemikalien, Chemieanlagen und Störfälle) und TUIS (Transport-, Unfall-, Informations- und Hilfeleistungs-System des Verbandes der chemischen Industrie) mit benutzt werden, wenn ihre Betreibung und Benutzbarkeit rechtlich geregelt und gesichert sei.

Zusätzlich werden an geeigneten Stellen der Firmengelände selbst feuer-, wasser- und chemiefeste sog. ‹Black Boxes› mit allen wichtigen Informationen aufgestellt und darüber hinaus Lagerstellen etc. im notwendigen Umfang mit den vom Lkw bekannten orangefarbenen numerierten Warntafeln versehen...

Die Feuerwehren erhalten wie die Gewerbeaufsicht das Recht über den Rahmen der Brandschau hinaus eigenständig Werksgelände betreten und inspzieren zu können.»

Notwendige Forderungen, vorgebracht von höchster Stelle. Ob sie in absehbarer Zeit umgesetzt werden? Ich bin skeptisch.

Gefahrgut auf den Straßen

Gesetze und Bestimmungen

Sämtliche chemischen Produkte werden, ebenso wie andere Gefahrgüter, nicht nur produziert, sie werden auch transportiert. Und das oft
mehrmals, denn aus Vorprodukten entstehen Zwischenprodukte, die
dann zur Weiterverarbeitung wieder in einen anderen Betriebsteil (in-
nerbetrieblich oder auch über öffentliche Verkehrswege) oder auch
zu anderen Firmen transportiert werden müssen. Über 25 Prozent des
Absatzes der Chemieindustrie werden wiederum zur Erzeugung chemischer Produkte verwendet. Es entsteht Abfall, der weiterverarbeitet oder entsorgt wird. Auch die Chemieabfälle, die manchmal ein
Vielfaches der Produktionsmenge betragen, werden häufig durch die
Lande gefahren.

Grundlage aller gesetzlichen Regelungen über den Gefahrgut-
Transport in der Bundesrepublik ist das «Gesetz über die Beförde-
rung gefährlicher Güter» vom 6. August 1975. Auf der Basis dieses
Gesetzes erließ die Bundesrepublik bzw. der Bundesverkehrsminister
Rechtsverordnungen für die verschiedenen Verkehrsbereiche. Es
sind dies:

GGVE: Verordnung über die innerstaatliche und grenz-
                überschreitende Beförderung gefährlicher Güter
                mit Eisenbahnen
GefahrgutVSee: Gefahrgut-Verordnung See
GGVBinSch: Gefahrgut-Verordnung Binnenschiffahrt
GGVLuft: Gefahrgut-Verordnung Luft
GGVS: Verordnung über die innerstaatliche und grenz-
                überschreitende Beförderung gefährlicher Güter
                auf Straßen.

Im internationalen Bereich gilt das europäische Übereinkommen
über den internationalen Transport gefährlicher Güter auf der Straße
vom 30. September 1957 (ADR) (Accord europèen relatif au transport des marchandises Dangereuses par Route), in der BRD in Kraft
getreten am 1. Januar 1970.

Das gesamte Regelwerk zum Transport gefährlicher Güter umfaßt mit sämtlichen Anlagen, Ausführungsverordnungen, Technischen Richtlinien, Ausnahmeverordnungen, Durchführungsrichtlinien usw. Tausende von Seiten. Jeder klagt über die totale Unübersichtlichkeit der Vorschriften, es gibt wahrscheinlich keine Handvoll Menschen, die sie einigermaßen beherrschen. Besonders überfordert sind diejenigen, die «vor Ort» damit zu tun haben. Die Verlader genauso wie die Fahrer, und die Polizisten wissen bei Kontrollen häufig auch nicht, was sie kontrollieren müssen.

Gefahrenklassen für den Transport gefährlicher Güter

Klasse	Bezeichnung	Stoffbeispiel
1 a	Explosive Stoffe und Gegenstände	Sprengstoffe
1 b	Mit explosiven Stoffen geladene Gegenstände	Zünder, Sprengkapseln
1 c	Zündwaren	Feuerwerkskörper
2	Verdichtete, verflüssigte oder unter Druck gelöste Gase	Wasserstoff, Ethylen, Propylen, Butadien
3	Entzündbare flüssige Stoffe	Benzin, Diesel, Methanol, Benzol, Verdünner
4.1	Entzündbare feste Stoffe	Polyethylengranulat, Schwefel
4.2	Selbstentzündliche Stoffe	Phosphor
4.3	Stoffe, die in Berührung mit Wasser entzündliche Gase entwickeln	Natrium
5.1	Entzündend (oxydierend) wirkende Stoffe	Sauerstoff, Wasserstoffperoxid, Natriumchlorat
6.1	Giftige Stoffe	Mononitrobenzol, Dichlorbenzol, Anilin, Vinylchlorid
7	Radioaktive Stoffe	Uranhexafluorid, Plutonium
8	Ätzende Stoffe	Natronlauge, Salzsäure, Schwefelsäure
9	Sonstige gefährliche Stoffe und Gegenstände (nur Straße)	

Teilweise gelten für denselben Transport unterschiedliche Regelungen, je nachdem, ob er im innerstaatlichen oder grenzüberschreitenden Verkehr stattfindet. So gilt zum Beispiel das Rauchverbot beim Transport giftiger Stoffe nur im innerstaatlichen Verkehr, sobald ein Lkw eine solche Ladung ins Ausland transportiert, darf der Fahrer nach Herzenslust qualmen.[1] Solche Widersprüche und Ungereimtheiten sollen uns aber hier vorerst noch nicht beschäftigen. Zunächst geht es um einige grundsätzliche Bestimmungen zum Transport gefährlicher Güter.

Alle Gefahrgüter werden je nach ihrer Beschaffenheit und der Art der von ihnen ausgehenden Gefährdung nach verschiedenen Gefahrenklassen unterteilt. Die nebenstehende Tabelle gibt eine Übersicht über diese Gefahrenklassen und benennt jeweils typische dazu gehörende Stoffe.

Die Einteilung in Gefahrenklassen findet sich bei der Kennzeichnung von Gefahrgut-Transporten wieder. Im Straßenverkehr müssen «Beförderungseinheiten» (d. h. einzelne Fahrzeuge und Fahrzeuge mit Anhänger), mit denen mehr als 1000 kg gefährlicher Güter befördert werden, mit zwei rechteckigen, rückstrahlenden, senkrecht zu den Längsachsen vorn und hinten deutlich sichtbar angebrachten, orangefarbenen Warntafeln versehen sein. Tankfahrzeuge und Fahrzeuge mit Aufsetztanks müssen auf den Warntafeln zudem Kennzeichnungsnummern tragen; im oberen Teil eine an den Gefahrenklassen orientierte Kennzahl, im unteren Teil die genaue Stoffnummer.

Die Kennzahl besteht aus zwei oder drei Ziffern, deren erste jeweils durch die Zuordnung zu einer Gefahrenklasse auf die Hauptgefahr hinweist. Die zweite und dritte Ziffer kennzeichnen zusätzliche Gefahren. Eine Verdoppelung der ersten Ziffer verweist auf eine besonders hohe Gefährlichkeit, folgt statt dessen eine 0, so kennzeichnet dies die einfache Gefährlichkeit. Dazu einige Beispiele:

23   brennbares Gas
236 brennbares Gas, giftig
286 ätzendes Gas, giftig
33   leicht entzündbare Flüssigkeit (Flammpunkt unter 21 Grad)
338 leicht entzündbare Flüssigkeit, ätzend
638 giftiger Stoff, entzündbar, ätzend
88   stark ätzender Stoff
883 stark ätzender Stoff, entzündbar

Wenn der Buchstabe X vorangestellt ist, reagiert der Stoff in gefährlicher Weise mit Wasser. Für die Feuerwehr heißt das, daß nicht mit Wasser gelöscht werden darf.

An Hand der Stoffnummern im unteren Teil der Warntafel lassen sich die beförderten Produkte identifizieren. In einem Anhang zur GGVS sind die chemischen Stoffe mit ihren Stoffnummern aufgeführt.

Oft haben die Tankfahrzeuge mehrere Tanks. Zum einen, damit verschiedene Produkte gleichzeitig geladen werden können, zum anderen, damit die Ladung nicht so stark schwappen kann. Auch wenn nur ein Tank vorhanden ist, sind aus diesem Grund meistens sogenannte «Schwallwände» eingebaut. Wenn ein Tankwagen unterschiedliche Produkte in den verschiedenen Kammern geladen hat, trägt er vorn und hinten nur die orangen Warntafeln und rechts und links an den jeweiligen Tanks die Gefahrnummer und Stoffnummer. Festverbundene Tanks müssen zusätzlich seitlich und hinten mit einem Gefahrzettel versehen sein, der auf die Gefahr der Ladung hinweist.

Gefahrgutkennzeichnung für Methanol

An Straßenfahrzeugen können folgende Gefahrzettel angebracht sein:

Explosionsgefährlich
(Auf den orange-
farbenen Warntafeln
angebracht)

Feuergefährlich
(Entzündbare
flüssige Stoffe)

Feuergefährlich
(Entzündbare
feste Stoffe)

Selbstentzündlich

Entzündliche Gase
bei Berührung mit
Wasser

Entzündend wirkende
Stoffe oder
organische Peroxide

Giftig

Gesundheits-
schädlich

Radioaktiv

Ätzend

Auf den Gefahrzetteln kann eine Aufschrift in Zahlen oder
Buchstaben vorhanden sein.

Bei Gefahr: Kennzeichen an Polizei/Feuerwehr weitergeben!

Informationszettel des Bundesverkehrsministeriums

Der Hauptzweck der Kennzeichnung mit Kennzahl und Stoffnummer besteht darin, daß Polizei und Feuerwehr bei einem Unfall sofort die von der Ladung ausgehende Gefahr erkennen und entsprechend reagieren können. Ein großes Problem stellt daher in der Praxis die Tatsache dar, daß ausschließlich Tankzüge auf diese Weise gekennzeichnet sein müssen. Stückguttransporte dagegen brauchen nur die einfache orange Warntafel. Hinter der Warntafel muß in einem Behälter ein Unfallmerkblatt eingelegt sein, auf dem die transportierte Substanz genannt ist. Bei einem Unfall muß also die Feuerwehr erst an den Wagen heran, um feststellen zu können, was er geladen hat. Ob das immer möglich ist?

Immerhin ist ein solches mit Warntafel versehenes Fahrzeug noch als Gefahrgut-Transporter zu erkennen. In vielen Fällen ist aber selbst dies ein Ding der Unmöglichkeit. Denn die Gefahrgut-Verordnung Straße (GGVS) sieht die Kennzeichnung von Gefahrgut-Transporten erst ab bestimmten Mengen vor. So gilt im Bereich der Tankfahrzeuge generell die Kennzeichnungspflicht erst ab 1000 kg. Auch im Stückgutbereich sind bestimmte Mengen festgelegt, bei deren Unterschreitung die Gefahrgut-Vorschriften nicht gelten.

In den letzten Jahren stellen viele Speditionen ihren Fuhrpark um und fahren ihre Fracht mehr mit Klein-Lkw (2- bis 3-Tonner), die mit großen Anhängern auch weite Strecken fahren. In diesen Kleintransporten finden sich immer wieder gefährliche Substanzen. Diese Transporte aber rutschen zum Beispiel bei gezielten Gefahrgut-Kontrollen durch die Maschen, weil sie nicht gekennzeichnet sind. Und wenn etwas passiert, weiß niemand, welche Bombe womöglich in einem Unfallfahrzeug liegt. Für bestimmte besonders gefährliche Substanzen schreibt die GGVS spezielle Mengenbegrenzungen vor, bei deren Überschreitung die Transporte gekennzeichnet sein müssen. So etwa für Nitroglycerinpulver 2000 kg, Phosgen und Äthylenoxid 500 kg, Blausäure 100 kg und Ammoniak 1000 kg. Doch selbstverständlich bleiben diese Stoffe auch unterhalb dieser Mengen höchst gefährlich. Es ist erschreckend, sich einmal vorzustellen, was alles mit diesen «kleinen Mengen» passieren kann.

Falschkennzeichnung – Keiner weiß, was drin ist

Hamburger Hafen. Direkt neben der den Hafen überspannenden gewaltigen Köhlbrandbrücke liegen die großen Containerterminals. Die meisten Waren im Schiffsfrachtverkehr werden heute in den großen eisernen Containern befördert. Die gibt es in zwei genormten Größen, und in vielen Häfen werden sie schon fast vollautomatisch ausgeladen. Die Container, die gefährliche Ladung transportieren, müssen, wie auf der Straße, extra gekennzeichnet sein. Auf dem großen Gelände des Containerterminals werden die Container gestapelt und so lange gelagert, bis sie mit Lkw zu ihren Empfängern gebracht werden. Manche Container werden jedoch bereits im Lagerhaus entladen. Ein Hafenarbeiter berichtet:

«Wir haben hier jeden Tag zig Container, die wir auspacken. Da ist alles mögliche drin. Sammelladungen. Für die Firmen lohnt es sich nicht, für zwei Kisten einen ganzen Container zu chartern. Also wird das gesammelt und dann kommen andere Partien dazu, bis der Container voll ist. Bei einem kompletten Container ist das einfach, da weiß man, was drin ist. Aber so muß man schon die ganzen Papiere durchsehen. Und da steht dann manchmal nur ‹20 Fässer›. Ja, was ist da drin? Traubensaft, Bier oder vielleicht irgendeine Chemikalie? Das wird oft einfach so reingeschrieben, um die Kosten für Gefahrgut zu sparen. In der letzten Woche zum Beispiel haben wir einen Container ausgepackt, da waren 20 Fässer mit irgendeinem ätzenden Zeug drin. Das ist auch für uns eine große Gefahr.»

Nur ein relativ kleiner Teil der Container wird direkt im Hafen ausgeladen. Die meisten werden mit Lkw weiterbefördert und über Autobahnen und Bundesstraßen, durch Dörfer und Städte zu ihren Empfängern gebracht. Wer weiß, in wie vielen Containern, die dem Autofahrer auf der Straße begegnen, ebenfalls gefährliche Substanzen sind, von denen auch im Falle eines Unfalls niemand etwas ahnt? «Gefährliche und ungefährliche Güter in unbekanntem Mischungsverhältnis» heißt das in der Fachsprache.

Auch bei Großtransportern, für die eine genaue Kennzeichnung des Gefahrguts zwingend vorgeschrieben ist, bietet dies keinen unbedingten Schutz vor unliebsamen Überraschungen. Immer wieder werden bei Kontrollen fehlende oder falsche Kennzeichnungen festgestellt. Bei einem Unfall kann dies katastrophale Folgen haben, wenn zum Beispiel die Ladung für harmlos gehalten wird oder die Feuerwehr einen Brand mit den falschen Mitteln bekämpft. Drei Beispiele sollen diese illegale Praxis erläutern.

Fall 1: **Dr. Dr. Anton Maier AG:**
«Keine Gefahr für die Bevölkerung»

8. August 1985, Dortmund, Bundesstraße 1: Mit seinem Linienbus fährt der Busfahrer Wolfgang Niefer von der Haltestelle Westfalenhalle seine normale Route durchs Stadtgebiet. Es ist heiß, er hat die Fenster weit geöffnet. Vor ihm auf der B 1 ein Tieflader, der einen großen Tank geladen hat. Wolfgang Niefer berichtet:

«Kurz hinter der Haltestelle Westfalenhalle habe ich erstmals den stinkenden Geruch wahrgenommen. Ich konnte zwar noch nicht sagen, wo das herstammte, auf jeden Fall war das ein sehr übler Geruch. Dann habe ich auf der Straße Öl gesehen. Ich sah dann, daß aus dem Tank, den der geladen hatte, eine dunkle, stinkende Flüssigkeit auf die Straße floß. Und zwar in einer ziemlichen Menge. Das war ein armdicker Strahl. Die große Öllache ging bis auf die linke Fahrbahnhälfte. Dann fuhr der Tieflader auf die rechte Fahrspur und mußte die Fahrt verlangsamen, weil ein Stau entstanden war. Da lief die Flüssigkeit in die Kanäle ab. An der Ampel stand der Lkw, der Fahrer stieg aus, überzeugte sich wohl, daß Flüssigkeit auslief und hat dann aber trotzdem seine Fahrt fortgesetzt. Ich habe dann über unsere Zentrale die Polizei benachrichtigt, die das Fahrzeug fünf Kilometer weiter stoppen konnte. An der letzten Haltestelle waren einige meiner Fahrgäste ausgestiegen, weil sie den Geruch nicht mehr ertragen konnten, andere Fahrgäste haben sich Taschentücher vor die Nase gehalten.

Ich habe dann ziemlich starke Kopfschmerzen bekommen, und die Polizei riet mir, ins Krankenhaus zu gehen. Dort wurden erhöhte Gaswerte im Blut festgestellt, ich wurde auf die Intensivstation eingewiesen und bekam Sauerstoff. Es wurden mehrere Blutproben entnommen, man hat aber keine Analyse über den Giftstoff machen können. Heute, über zwei Jahre später, habe ich immer noch häufig Kopfschmerzen, diese Symptome kannte ich früher nicht.»

Über 300 Menschen meldeten sich mit Kopfschmerzen und Übelkeitserscheinungen bei der Polizei. An Autos wurden Reifen- und Lackschäden festgestellt. Die Polizei warnte über den Rundfunk alle Autofahrer vor Schäden an Reifen, Bremsleitungen und Kunststoffteilen.

Auftraggeber des Transports war die Altölaufbereitungsfirma Dr. Dr. Anton Maier AG aus Bochum. Doch die Firma wiegelte sofort ab: «Unsere Chemiker gehen davon aus, daß die Flüssigkeit keine toxischen Elemente enthielt, die die Gesundheit gefährden können.»[2] Und weiter: «Die Firma lehnt jede Verantwortung ab.» Die ausgelaufene Flüssigkeit wurde vom TÜV untersucht. Der analysierte über 30 verschiedene Substanzen, fand aber lange Zeit keinen Gutachter, der die vorgefundenen Stoffe auf ihre Auswirkungen auf Menschen und Umwelt bewerten wollte. Für die ZDF-Reportage legten wir die TÜV-Liste einem Chemiker des KATALYSE-Instituts in Köln vor.

Dr. Gerd Zwiener: «In diesem Chemikaliengemisch sind zunächst einmal einige Chemikalien, die extrem stark geruchsbelästigend sind, das geht bis zur Ekelerregung beim Schwefelkohlenstoff, zum Beispiel bei den Mercaptanen, die in äußerst geringen Konzentrationen ganz ekelhaft riechen. Hinzu kommt, das ist vielleicht noch wesentlicher, daß die Substanzen durchweg giftig sind, teilweise stark giftig. Es sind Chemikalien dabei, die im Verdacht stehen, Krebs zu erzeugen. Und insbesondere muß darauf hingewiesen werden, daß die Chemikalien eine starke potentielle Gefährdung des Grundwassers darstellen.»

In einem Schreiben an den Busfahrer Wolfgang Niefer bestätigte der Minister für Arbeit, Gesundheit und Soziales: «Der Gasometertransport mußte... als Gefahrgut-Transport angesehen werden. Die Anforderungen der Gefahrgut-Verordnung Straße konnten jedoch nicht erfüllt werden, da der Gasometer schon von seiner Funktion her nicht als eine sichere Umschließung (Verpackung) der ge-

fährlichen Stoffe angesehen werden konnte. Für den Transport
wäre deshalb entweder eine vollständige Entleerung und Reinigung des Gasometers erforderlich gewesen oder der Transport
hätte auf Grund einer Ausnahmezulassung erfolgen müssen...
Eine Ausnahmezulassung wurde aber nicht beantragt ...wäre...
auch nicht erteilt worden.»[3]

Der Transport war also illegal. Der Tank hätte nur in leerem,
gereinigtem Zustand transportiert werden dürfen. Aber das hätte
zusätzliche Arbeit und Kosten verursacht. Und vielleicht rechnet
mancher ja auch damit, nicht erwischt zu werden.

Februar 1987, Grenzübergang Hörbranz bei Lindau. Die Beamten
der Technischen Überwachung (BTÜ), einer Sondereinheit der bayrischen Polizei, die an den Grenzen die Verkehrs- und Betriebssi-
cherheit der ein- und ausreisenden Lkw kontrollieren soll, überprüfen einen aus der Schweiz kommenden Lkw. In den Ladepapieren
steht «verschmutzte Lösungsmittel». Als die Beamten die Ladung
nachkontrollieren, stellt sich heraus, daß er 14 Tonnen hochgiftiges
Trichloräthylen geladen hat. Ohne Gefahrgut-Kennzeichnung. Mit
diesem Trick sollte die gefährliche Fracht wahrscheinlich auf einer
Mülldeponie landen.

April 1986. Auf der A 61 bei Koblenz fällt der Polizei durch Zufall
ein LKW aus Holland auf. Unter der Plane hat der LKW Giftfässer
mit insgesamt 20 Tonnen der Chemikalie Epichlorhydrin geladen.
Der Stoff ist hochgiftig und brennbar und setzt beim Brand Phosgen
und Chlorwasserstoffverbindungen frei, verätzt Haut und Lungen
und stellt eine große Gefahr für das Grundwasser dar. Die Ladung ist
nicht gekennzeichnet. Offensichtlich sollte das Gift unbemerkt
durch die Bundesrepublik nach Mailand gebracht werden. Ohne Genehmigung, ohne Gefahrgut-Kennzeichnung.

Drei Beispiele für eine Praxis, die immer wieder vorkommt. Und sicherlich ist die Dunkelziffer hoch. Wann fällt schon mal so ein falsch
oder nicht deklarierter Transport auf? In der Regel nur bei einem
Unfall. Bei normalen Kontrollen haben die LKW-Fahrer nicht viel zu
befürchten, denn die Polizisten sind meist gar nicht in der Lage, die
Übereinstimmung von Ladung und Papieren zu kontrollieren.

Transportmengen – Die statistische Lücke

Unter der Überschrift «Gefahrgut-Transporte 1985: Deutlicher Anstieg im Straßenverkehr» veröffentlichte das Statistische Bundesamt in Wiesbaden im Februar 1987 die neuesten Zahlen zum Transport gefährlicher Güter.[4] Insgesamt wurden demnach im Bundesgebiet (ohne Straßen-*nah*verkehr) 177 Millionen Tonnen gefährlicher Güter transportiert, das sind 15,9 Prozent der Gesamtmenge aller transportierten Güter. Dazu kamen – geschätzt – ca. 200 Millionen Tonnen Gefahrgut im Straßennahverkehr, so daß das Gesamtvolumen für alle Verkehrsträger etwa 377 Millionen Tonnen betrug.

«Im Vergleich zum Vorjahr ist die transportierte Gefahrgut-Menge annähernd konstant geblieben, jedoch verlief die Entwicklung der einzelnen Verkehrszweige sehr unterschiedlich. Eine starke Ausweitung der Gefahrgut-Transporte fand im Straßenfernverkehr (einschließlch grenzüberschreitendem Nahverkehr) statt. Während der Transport aller Güter im Straßenfernverkehr um 3,5 Prozent stieg, erhöhten sich die transportierten Gefahrgüter überproportional um 9,8 Prozent. Grund hierfür war insbesondere eine starke Ausweitung der Transporte entzündbarer flüssiger Stoffe und der ätzender Stoffe in diesem Verkehrszweig. Im Eisenbahnverkehr stiegen die Gefahrgut-Transporte geringfügig um 1,6 Prozent auf 40,3 Millionen Tonnen (alle Güter + 1,5 Prozent). Sowohl in der Binnen- als auch in der Seeschiffahrt konnte ein Rückgang der Gefahrgut-Transporte beobachtet werden: in der Binnenschiffahrt um − 3,8 Prozent auf 51,1 Millionen Tonnen (alle Güter − 5,9 Prozent) und in der Seeschiffahrt um − 4,2 Prozent auf 46,8 Millionen Tonnen (alle Güter + 1,6 Prozent).»

Diese Zahlen beruhen allerdings – wie das Statistische Bundesamt selbst zugibt – zum Teil auf unzureichenden Daten. So liegen keine Angaben zum Umfang der Militärtransporte vor, und im Bereich des Straßentransports werden nur der *Fernverkehr* und der *grenzüberschreitende Nahverkehr* statistisch erfaßt. Hier wurden etwa 38 Millionen Tonnen Gefahrgut transportiert. Der weitaus größte Teil aller

Güter wird aber im *Inlandsnahverkehr* bewegt. Und gerade hier ist das Statistische Bundesamt bei der Angabe der Gefahrgutmenge auf grobe Schätzungen angewiesen. «Wenn man den gleichen Gefahrgut-Anteil wie im Straßenfernverkehr annimmt, so werden bei einer Gesamttransportmenge von rund 2000 Millionen Tonnen im Straßengüternahverkehr annähernd 200 Millionen Tonnen Gefahrgüter befördert.»

In einer Studie über «Umfang und Struktur von Gefahrguttransporten im Jahr 1984» haben die Autoren die einzelnen Erhebungslücken benannt, die eine genaue Erfassung des Gefahrgut-Aufkommens unmöglich machen. Die Verkehrsstatistik enthält nur Gütergruppen, die «unzweifelhaft als Gefahrgut einer bestimmten Gefahrenklasse eingestuft werden können... Häufiger und meist mit einem Transportaufkommen von vielen Millionen Tonnen im Jahr sind Gütergruppen, die gefährliche und ungefährliche Güter in unbekanntem Mischungsverhältnis und unbekannter Gefahrklassenzugehörigkeit enthalten... Neben den Unschärfebereichen bei der Zuordnung der Güterart gibt es bei allen Verkehrszweigen Erfassungslücken, das heißt Transporte, die entweder gar nicht oder nur mengenmäßig nachgewiesen werden. Dazu gehören... im Straßenverkehr die Transporte mit militäreigenen Fahrzeugen, der Stückgutverkehr, Transporte mit DDR-Fahrzeugen, der Werkverkehr mit ‹kleinen› Fahrzeugen und freigestellte Verkehre (zum Beispiel Abfalltransporte oder Transport radioaktiver Güter) ... Da Gefahrgut-Transporte in der Regel nicht erlaubnispflichtig sind und unter Einhaltung der Gefahrgut-Vorschriften von den verschiedenen Verkehrsträgern durchgeführt werden können, ist die klare Definition eines Kreises von Auskunftspflichtigen praktisch nicht zu erreichen. Eine Kontrolle auf Vollständigkeit von Meldungen ist nicht möglich.»[5]

Es ist zu vermuten, daß vor allem die nicht erfaßten Gefahrgut-Transporte im Militärbereich von erheblichem Umfang sind. In einer Antwort auf die große Anfrage zum Transport gefährlicher Güter vom August 1985 hat die Bundesregierung bekanntgegeben, daß im militärischen Bereich im Jahr 1984 80 000 Tonnen Flugkraftstoffe, 29 000 Tonnen Vergaserkraftstoffe und 57 000 Tonnen Dieselkraftstoffe im Straßen-, Eisenbahn- und Binnenschiffverkehr befördert wurden.[6] Dazu kommen unbekannte Mengen an Waffen, Munition und die Transporte der anderen NATO-Streitkräfte, besonders also der US-Army.

Die Beförderungsmengen gefährlicher Güter lassen sich nach den

66

einzelnen Gefahrenklassen aufschlüsseln. Für die schätzungsweise 200 Millionen Tonnen im Straßennahverkehr ist dies allerdings aus den bereits beschriebenen Gründen nicht möglich. Unter dieser Einschränkung ergibt sich folgendes Bild:

Beförderungsmengen gefährlicher Güter im Jahre 1985 in Tonnen
(ohne Straßennahverkehr)

Gefahrenklasse	alle Verkehrsträger	Straßenverkehr
	177 046 500	38 771 700
1 a explosiv	367 900	28 100
1 b mit expl. Stoff geladen	39 600	6 100
1 c Zündwaren u. ä.	37 300	4 600
2 Gase	17 567 400	4 972 300
3 entzündbar flüssig	127 613 800	21 904 700
4.1 entzündbar fest	6 300 100	3 396 600
4.2 selbstentzündlich	340 900	120 300
4.3 wasserentzündlich	970 200	133 500
5.1 entzündend	3 628 900	445 500
5.2 organische Peroxide	18 400	11 300
6.1 Gift	4 922 800	2 681 400
6.2 ekelerregend o. ä.	528 000	391 600
7 radioaktiv	40 600	10 200
8 ätzend	14 670 600	4 665 800

Quelle: Verkehrswirtschaftliche Zahlen 1987, hg. vom BDF, S. 47

Eine Gefahrenklasse tritt bei dieser Aufstellung besonders ins Auge: 71 Prozent der Gesamttransportmenge und 57 Prozent der Transporte im Straßenverkehr entfallen auf die Klasse 3, das heißt entzündbare flüssige Stoffe. Das sind zu einem großen Teil (jedoch bei weitem nicht ausschließlich) Produkte der Mineralölindustrie, also vor allem Benzin, Diesel und Heizöl. Die chemische Industrie versucht immer wieder, die Bedeutung gefährlicher Chemietransporte mit dem Hinweis auf die große Menge beförderter Mineralölprodukte herabzuspielen. Die Bundesregierung leistet ihr dabei bereitwillig Schützenhilfe. In ihrer Antwort auf eine kleine Anfrage zum Transport gefährlicher Güter hieß es im August 1985: «Der größte Teil der Gefahrgüter – nämlich 82 Prozent oder 188 Millionen Tonnen – gehörte (1983, d. V.) zur Gefahrklasse 3 ‹Entzündbare flüssige Stoffe›, das sind insbesondere Erdöl- und Mineralölprodukte.»[7] Seitdem geistert die irreführende Zahl «80 Prozent» durch den Blätterwald.

Zumindest beim Straßentransport jedoch stellen die Mineralöl-erzeugnisse keineswegs die Mehrheit des beförderten Gefahrguts. Nach Aussage der Mineralölindustrie wurden im Jahr auf bundes-deutschen Straßen etwa 80 Millionen Tonnen Diesel, Benzin und Heizöl transportiert.[8] Bezieht man diese Zahl auf die geschätzten Angaben des Statistischen Bundeamtes über den gesamten Straßen-transport gefährlicher Güter in der Bundesrepublik (etwa 240 Millio-nen Tonnen), so ergibt sich ein Anteil am Gesamttransport von genau einem Drittel.

Bayer, Tor 6 – Ein Tag wie jeder andere

Mittwoch, 30. September 1987. Durch das Tor 6 der BAYER-Werke in Leverkusen rollen Lkw ein und aus. Wie jeden Tag. Die meisten haben orange Warntafeln vorn und hinten, sie transportieren Gefahr-gut. Die Tankzüge sind außerdem mit Gefahrgutnummern gekenn-zeichnet.

Um einmal exemplarisch deutlich zu machen, was da so alles an einem Tag bei BAYER rein- und rausfährt, haben wir acht Stunden lang die Fahrzeuge und deren Gefahrgut-Nummern notiert. Von neun Uhr morgens bis fünf Uhr nachmittags fuhren insgesamt 227 Fahrzeuge mit Gefahrgut-Kennzeichnung durch das Tor, 143 kamen heraus, 84 fuhren ins Werk. 83 Lkw hatten nur eine orange Warntafel ohne nähere Kennzeichnung. Insgesamt waren 144 Tankwagen dar-unter, deren Ladung näher gekennzeichnet war. Die nebenstehende Tabelle gibt einen genauen Überblick.

Ein- und ausfahrende Tankwagen bei BAYER Leverkusen am 30.9.1987 von 9−17 Uhr

Gefahr	Stoffnummer	Produkt	Anzahl
33	1090	Aceton	1
336	1230	Methanol	1
60	1591	1.2-Dichlorbenzol	3
83	1604	Äthylendiamin	3
60	1662	Mononitrobenzol	2
60	1664	Mononitrotoluole	8
60	1673	Phenylendiamine	2
80	1760	Ätzende Mischung	13
80	1778	Silicofluorwasserstoffsäure (Kieselfluorwasserstoffsäure)	2
80	1789	Salzsäure	9
85	1791	Hypochloritlösung (mit mehr als 16% aktivem Chlor)	1
85	1792	Jodmonochlorid	1
80	1814	Kaliumhydroxid	1
80	1824	Natriumhydroxid (Natronlauge)	19
80	1830	Schwefelsäure	6
× 88	1836	Thionylchlorid (SOCl2)	1
80	1839	Trichloressigsäure	1
80	1864	Kohlenwasserstoff	1
33	1866	Harze mit Flammpunkt unter 21 Grad	3
30	1918	Cumol, Isopropylbenzol	1
30	1993	Entzündbare Flüssigkeit (Mischung)	1
86	2030	Hydrazin	3
33	2045	Isobutyraldehyd	2
39	2055	Styrol (Vinylbenzol)	2
60	2076	Kresol	2
60	2078	2,4-Toluylendiisocyanat und isomerische Gemische (TDI)	5
80	2209	Formaldehyd (mit mind. 5% Formaldehyd auch mit höchstens 35% Methanol)	8
30	2238	Chlortoluole	2
60	2239	Chlortoluidine	2
30	2265	N, N Dimethylformamid	2
60	2290	Isophorondiisocyanat (3-Isocyanatmethyl 3,5.5-trimethylcyclohexylisocyanat)	2
68	2312	Phenol (geschmolzen)	1
60	2431	Anisidine	1
60	2489	Diphenylmethan-4.4 Diisocyanat (MDI)	3
80	2582	Eisentrichlorid	12
83	2789	Essigsäure (mehr als 80% rein)	1
60	2810	Giftige Mischung	15
83	2920	Ätzende und brennbare Mischung	1

Aufgeteilt nach Gefahrenklassen ergibt sich folgendes Bild:

Klasse 3 (entzündbar, flüssig)	(30/33/336/39)	18 Wagen	12%
Klasse 6 (giftig)	(60/68)	48 Wagen	34%
Klasse 8 (ätzend)	(80/88/83/85/86)	78 Wagen	54%

Der Säurebereich bildet den Hauptbestandteil. Eisentrichlorid, mit dem immerhin zwölf Wagen gezählt wurden, ist ein Abfallprodukt bei der Titanproduktion. In den Anmerkungen zur Tabelle der Chemieproduktion war erwähnt, daß der Phosgenbereich dort völlig fehlte, obwohl dieser hochgefährliche Grundstoff häufig verwendet wird. Hier bei den Transporten der Firma BAYER in Leverkusen zeigt sich, daß zehn Transporte Stoffe befördern, die direkt aus der Phosgenproduktion stammen: 2,4-Toluylendiisocyanat (TDI), Isophorondiisocyanat (3-Isocyanatmethyl 3,5.5-trimethylcyclohexylisocyanat) und Diphenylmethan-4.4 Diisocyanat [MDI]I.

Unfälle – Herborn war kein Einzelfall

14. Februar 1985, Wesel (dpa/ap):
«Ein mit knapp 4000 Kubikmetern flüssigem Wasserstoff beladener Sattelzug ist in der Nacht zum Mittwoch auf der schnee- und eisfreien Autobahn ‹Hollandlinie› bei Rees in die Leitplanken gerast und offenbar durch Funkenbildung in Brand geraten. Der 33jährige Fahrer aus Hattingen konnte sich mit einem Sprung aus dem Führerhaus in Sicherheit bringen. Wegen des Feuers, der Explosionsgefahr und der Aufräumarbeiten mußte die Polizei die Autobahn in beiden Richtungen für elf Stunden sperren...»

16. Juli 1987, St. Nikolaus:
«Zehn Tage nach der Katastrophe von Herborn war gestern abend ein Tanklastzug im Saarland verunglückt. Ein mit 20 000 Litern Superbenzin beladener Lkw kippte aus bisher noch nicht geklärten Ursachen am Ortseingang von St. Nikolaus, einem Ortsteil von Großrosseln, nahe der französischen Grenze, um. Nach Angaben der Polizei liefen etwa 3000 Liter Benzin aus und gelangten in die Kanalisation. Die Straßen in der näheren Umgebung wurden gesperrt. Die saarländische Landesregierung löste am frühen Abend Umweltalarm aus...»

10. September 1987, Münster (dpa):
«Ein übermüdeter Lkw-Fahrer ist am frühen Donnerstagmorgen mit seinem mit 20 000 Litern Benzin beladenen Lastzug auf der Autobahn 43 bei Münster von der Fahrbahn abgekommen und eine Böschung heruntergerast. Wegen erhöhter Explosionsgefahr des Treibstoffs wurde die Autobahn zwischen Nottuln und Senden in Richtung Münster über sieben Stunden gesperrt, bis das Benzin umgepumpt und das Fahrzeug geborgen war...»

Auf einem Forum der Gewerkschaft der Polizei führte der GdP-Vorsitzende Günter Schröder aus: «Die chemischen Zeitbomben, die derzeit über unser Straßennetz rollen, können zu jeder Zeit an jedem Ort und mit kaum absehbaren Folgen explodieren. Während der Chemiekonzern es Unbefugten gar nicht erst erlaubt, auch nur in die Nähe einer gefährlichen Produktionsanlage zu gelangen, gerät jeder Autofahrer im Straßenverkehr in den zweifelhaften Genuß, an den Transporter des gleichen Konzerns auf Stoßstangennähe heranzukommen, mit der Chance, daß dessen Ladung in der nächsten Sekunde in Brand gerät, ausgast oder sogar explodiert.»[9]

Nur allzuoft wird aus dieser «Chance» Wirklichkeit. 1985 legte die Bundesanstalt für Straßenwesen eine Untersuchung über Unfälle mit gefährlichen Transporten in den Jahren 1982 bis 1984 vor.[10] Demnach waren in diesen drei Jahren insgesamt 2428 Gefahrgut-Fahrzeuge an Straßenverkehrsunfällen mit Personenschäden oder schwerem Sachschaden beteiligt. Eine genauere Aufschlüsselung ergibt folgendes Bild:

Art des Fahrzeugs	Allein-Unfälle	Unfälle mit zwei oder mehr Beteiligten	Gesamtzahl der beteiligten Gefahrgut-Fahrzeugen
Liefer- und Lastkraftwagen mit Tankauflagen	82	491	573
Sattelschlepper mit Auflieger als Tankwagen	147	868	1015
Andere Zugmaschinen mit Tankwagen	25	133	158
Tankkraftwagen zur Beförderung von Gefahrgut	90	592	682
Gesamt	**334**	**2084**	**2428**

Insgesamt ereigneten sich nach dieser Statistik 2394 Gefahrgut-Unfälle. Das sind 798 im Jahr, mehr als zwei pro Tag.

248 dieser Unfälle mit Tankfahrzeugen, bei denen Gefahrgut frei wurde oder die Tankarmaturen ersichtlich beschädigt wurden, ließ die Bundesanstalt genauer untersuchen. Es stellte sich heraus, daß Militärtransporte hier eine große Rolle spielten. Mehr als jedes vierte Unfallfahrzeug war ein Militär-Tanklaster, meist handelte es sich um Lkw der US Army – ein deutlicher Beleg für den hohen Anteil militärischer Transporte am gesamten Gefahrgutaufkommen.

In der Öffentlichkeit werden die hier untersuchten 248 Unfälle gelegentlich als die Gesamtzahl der im entsprechenden Zeitraum geschehenen Gefahrgut-Unfälle ausgegeben. Diesem verharmlosenden Mißverständnis leistet auch die Bundesregierung Vorschub. In ihrer Antwort auf eine kleine Anfrage der GRÜNEN vom November 1987 heißt es: «Der Bundesregierung liegen repräsentative Angaben über Gefahrgut-Unfälle im Straßenverkehr für den Zeitraum seit 1980 nicht vor.» Im Anschluß wird auf die erwähnte Untersuchung eingegangen und damit der Öffentlichkeit suggeriert, es habe zwischen 1982 und 1984 nicht mehr als die dort zugrunde gelegten 248 Gefahrgut-Unfälle gegeben.[11] Daß dem nicht so ist, das weiß auch die Bundesregierung.

In der Statistik der Bundesanstalt für Straßenwesen sind bei weitem nicht alle Unfälle mit Gefahrgut erfaßt, denn untersucht wurden nur die an den Unfällen beteiligten Tankfahrzeuge. Stückgutverkehr und Klein-Lkw blieben außen vor. Dazu kommt noch ein weiteres Problem: Längst nicht alle Großtransporte mit gefährlichen Stoffen unterliegen auch tatsächlich der Gefahrgut-Verordnung. Geraten solche Lkw in einen Unfall, so handelt es sich also um einen «ganz normalen» Verkehrsunfall. Dazu ein Beispiel:

3. April 1985:
Ein mit Chemikalien beladener Lkw gerät südlich von Freiburg nach einer Karambolage mehrerer Fahrzeuge in Brand. Drei Menschen sterben. Über der Unfallstelle bildet sich eine Giftwolke. Über 100 Autofahrer atmen die giftigen Dämpfe ein. In den umliegenden Orten wird Giftgasalarm gegeben. Auch nach über zwölf Stunden kann die Polizei noch nicht feststellen, um welche Chemikalien es sich handelt, da die Transportpapiere verbrannt sind. Dann stellt sich heraus: die Ladung stammt von der Frankfurter Hoechst AG. Wie die Firma mitteilt, seien es «relativ ungefährliche» Substanzen, nämlich sechs Tonnen Chloranil (ein Vorprodukt für Farbpigmente) und sieben Tonnen Novopren (ein Farbpigment). Außerdem war noch ein Schaumstoffpulver geladen, das ebenfalls als ungefährlich eingestuft wird.

«Glaubt man den Angaben der Hersteller, so war nur das Verbrennungsprodukt Salzsäure giftig. Aus Veröffentlichungen der Firma Hoechst geht aber hervor, daß zumindest ‹Chloranil› wahrscheinlich auch Dioxine enthält. Denn das Vorprodukt dieses Stoffes, 2,4,6 Trichlorphenol, enthielt stets extrem hohe Konzentrationen der ‹Ultragifte› (0,2 bis 0,5 mg TCDD pro kg). Um so bemerkenswerter ist, daß der Transport als ungefährlich deklariert wurde.»[12]

Immer wieder geschehen solche Unfälle mit «Nicht-Gefahrgut», und plötzlich entstehen doch giftige oder ätzende Dämpfe. Verschiedene chemische Substanzen können bei einem Unfall zusammentreffen und miteinander in gefährlicher Weise reagieren, auch wenn sie für sich genommen ungefährlich und damit nicht kennzeichnungspflichtig sind. Die akute Gefahr ist dann für niemanden erkennbar.

Keiner weiß, wie viele Gefahrgut-Unfälle heute tatsächlich in der Bundesrepublik passieren. Glaubt man Klemens Weber, dem Vorsitzenden des Gesamtpräsidiums der Bundesverbände des Deutschen Güterkraftverkehrs, so scheint jedoch auf jeden Fall klar zu sein, daß es in Zukunft bestimmt nicht weniger werden. Am 4. November 1987 – also vier Monate nach Herborn – stellte er auf dem Bonner Gefahrgut-Forum fest: «Die strenge Überwachung von Fahrzeug, Fahrer und Unternehmer stellt zudem sicher, daß Unfälle mit Gefahrgut-Transporten bereits auf ein Mindestmaß reduziert sind.»

Womit wir bei den Unfallursachen wären. Weber wäscht seine Hände in Unschuld, doch seine Behauptung spricht jeglicher Realität Hohn. Soll etwa «Höhere Gewalt» – die man tatsächlich nicht überwachen kann – die einzige Unfallursache sein? Die häufigsten Ursachen für Lkw-Unfälle sind bekanntermaßen Übermüdung, zu schnelles Fahren und technische Mängel am Fahrzeug. Und der Bundesverband des Güterkraftverkehrs ist weit entfernt davon, hier irgend etwas streng zu überwachen. Menschen machen Fehler, und Fehler führen zu Unfällen. Doch sie machen diese Fehler nicht aus freien Stücken.

Im folgenden Kapitel wird es um die Arbeitsbedingungen von Gefahrgut-Fahrern gehen. Angesichts dieser Arbeitsbedingungen – soviel vorweg – ist es überraschend, daß auf deutschen Straßen nicht noch viel mehr passiert.

Die Transportbranche

Gefahrgut-Fahren leicht gemacht

Einen Lkw kann jeder fahren. Als allgemeine Voraussetzung genügt der Führerschein Klasse II für Lkws über 7,5 Tonnen. Die Fahrer von Tankfahrzeugen oder Fahrzeugen zur Beförderung von Tanks oder Tankcontainer über 1000 Liter müssen im Besitz einer zusätzlichen Bescheinigung sein, des «Gefahrgut-Scheins», wie er im Alltagsgebrauch genannt wird. Offiziell heißt die Bescheinigung: «ADR-Bescheinigung über die Schulung der Führer von Kraftfahrzeugen zur Beförderung gefährlicher Güter». Für den GGVS-Schein muß man einen Lehrgang absolvieren. Er gilt fünf Jahre. Dann muß man einen eintägigen neuen Lehrgang für die Verlängerung machen.

Aus meinem Tagebuch: September 1985. An einem kühlen Herbsttag, kurz vor acht Uhr morgens. Neben der offenen Halle, in der die DEKRA die Fahrzeugüberprüfungen durchführt, gehe ich die steile Treppe in den Keller hinunter. Dort befindet sich der Übungsraum, in dem heute und an den nächsten zwei Tagen der Lehrgang für den Gefahrgut-Schein stattfindet. Um acht Uhr sind ungefähr fünfundzwanzig Männer im Raum. Eng gedrängt sitzen wir nebeneinander an den alten Schultischen und warten. Jeder von uns hat für den Kurs 500 DM bezahlt. Nur wenige bekommen das Geld von ihrer Firma wieder. Die meisten haben überhaupt noch keine Arbeit, hoffen wie ich, mit dem GGVS-Schein besser einen Job zu bekommen.

Nach der Begrüßung durch den Kursleiter beginnen wir damit, ein Lehrbuch durchzuarbeiten. Unser Lehrer mag ja ein guter Ingenieur sein, von Erwachsenenbildung und Didaktik jedenfalls hat er keinerlei Ahnung. Er geht mit uns einfach Seite für Seite dieses Buch durch, liest uns teilweise die Abschnitte vor, läßt sie teilweise von uns lesen. Am Ende jeder Seite sind Lückentexte, in denen wir die fehlenden Worte ergänzen müssen. Ein Beispiel für die «hohe Qualität» (die kursiv gesetzten Worte müssen vom Lehrgangsteilnehmer ergänzt werden):

«Der Beförderer ist dafür verantwortlich, daß *der Fahrer* die *Gefahreneigenschaften* des Ladegutes kennt und beachtet... Der Tankwagenfahrer muß sein Fahrzeug *sicher bedienen* können. Zum Be- und Entladen werden die *Tankarmaturen* benötigt.»[1]

Wir lesen die verschiedenen Paragraphen, hören von Gefahren- nummern und Stoffnummern, lesen die Verordnungen und suchen aus der Liste einige Stoffe heraus.

Am zweiten Tag kommt der Höhepunkt des Lehrgangs: der Praxis- teil! Wir fahren hinaus aufs Feld. Am Rande einer Kiesgrube wird in einer schmalen Eisenwanne Benzin angesteckt, und jeder darf einmal mit einem Feuerlöscher das Benzin löschen. Beißender Qualm ent- steht und zieht in einer Wolke übers Land. Keine hundert Meter ent- fernt radelt eine Frau den Feldweg entlang. Der Wind dreht, sie gerät in die Rauchwolke und schimpft. Unser Lehrgangsleiter beruhigt sie und uns: «In jedem Kurs können wir das nicht machen, da bekommen wir Ärger mit dem Umweltschutz!» Nach einer halben Stunde fahren wir zurück, dann geht der Unterricht weiter. Zum Schluß der Veran- staltung «üben» wir die Prüfung, das heißt, wir lesen und besprechen Prüfungsfragebögen. Teilweise haben die Kollegen doch etwas Angst vor der Prüfung. Kein Wunder, denn manche sitzen seit zwanzig Jah- ren das erste Mal wieder auf der Schulbank. Das macht nervös. Aber unser Lehrer beruhigt uns: Bei ihm habe bisher noch jeder die Prü- fung geschafft, darauf können wir uns verlassen.

Samstag morgen kommt auf Privatinitiative eines Teilnehmers noch eine besondere Veranstaltung zustande. Er ist einer der weni- gen, die bereits eine Arbeitsstelle haben, und hat sich von seinem Chef für diesen Tag einen kleinen Lastwagen geliehen, der auf der Ladefläche einen Heizöltank hat. (Den fährt ein Kollege von ihm auf den Hof, denn er hat ja den Schein noch nicht.) Wir schauen uns die Armaturen an und haben so noch etwas «Praxis» bekommen. Im Nor- malfall ist das nicht vorgesehen. Und es fehlt noch manches andere: Wir hören beispielsweise kein einziges Wort über irgendwelche che- mischen Zusammenhänge, Grundlagen. Natürlich kann man in so einem kurzen Lehrgang keinen umfassenden Chemieunterricht ma- chen. Aber ein wenig Aufklärung über mögliche Gefahren der La- dung hätte ich doch erwartet: über ätzende Säuren, giftige Dämpfe, explosive Reaktionen usw. Vielleicht wäre dann der eine oder andere Kollege vorsichtiger. Mir ist aufgefallen, daß die älteren und erfahre- neren Kollegen auch die vorsichtigsten sind. Kein Wunder, denn sie haben in der Praxis erlebt, was passieren kann. Das aber muß man eigentlich jedem neuen Fahrer als erstes beibringen. Aber, wie ge- sagt, kein Wort dazu.

Und ebenfalls kein Wort zu den Arbeitsbedingungen der Fahrer. Sicher, die sind bei Gefahrgut auch nicht anders als bei normaler Ladung. Aber wenn man sich überlegt, was alles mit der Ladung passieren kann, sollte man wirklich über Verantwortung, Sicherheit und die Arbeitsbedingungen mit den Kollegen reden. Ein ganz wesentlicher Punkt: Wir haben uns nur mit dem Lehrbuch, nur mit Papier beschäftigt, wenn man mal von der Feuerlöschübung und der nicht eingeplanten Besichtigung eines Heizöltanks absieht. Wichtig wäre es aber, den *praktischen* Umgang mit Gefahrgut zu üben. Das habe ich nämlich erst gelernt, als ich in der ersten Woche mit einem Kollegen mitfuhr und von ihm eingewiesen wurde. Wie schließe ich die Schläuche an, was muß ich alles beachten, wo liegen die Gefahrenmomente? Das müßte man alles einmal in Ruhe praktisch üben.

Das Fahrverhalten eines Tankwagens ist extrem unterschiedlich zu einem normalen Sattelzug. Im Tank ist Flüssigkeit. Flüssigkeit schwappt beim Transport hin und her. Und das verursacht Kräfte, die großen Einfluß auf die Stabilität und Fahrweise in Kurven, beim Bremsen haben. Viele Anfänger gehen einfach zu schnell in die Kurve, weil sie diese Fliehkräfte falsch einschätzen oder überhaupt keine Ahnung davon haben. Und wer schon einmal einen dreiviertelvollen Tankzug mit 38 Tonnen gebremst hat, der weiß, wie diese Kräfte den Wagen plötzlich nach dem Stillstand ein paar Meter weiterspringen lassen können. Aber das alles lernt man eben nicht aus dem Lehrbuch oder einem Fragebogen. Das muß man selber erleben, fühlen und üben.

Dann endlich die Prüfung. Unter der Aufsicht eines alten, schon länger pensionierten früheren Angestellten der Industrie- und Handelskammer füllen wir unsere Fragebogen aus. Insgesamt 30 Fragen. Sie sind wirklich leicht. Der gesamte Unterricht der drei Tage ist eigentlich nur auf die Beantwortung der Prüfungsfragebogen abgestellt. Nach der halbstündigen Pause, in der der alte Herr die Fragebogen kontrolliert hat, erfahren wir: Alle haben bestanden. In den Gesprächen, die ich mit den Kollegen anschließend führe, wird klar: Richtig ausgebildet fühlt sich niemand, alle sind froh, den Kurs hinter sich zu haben. Für uns alle geht das Lernen erst dann richtig los, wenn wir das erste Mal mit einem Kollegen auf einem Tankzug sitzen und die Realität erleben.

Was ich hier beschrieben habe, sind meine persönlichen Erfahrungen aus einem DEKRA-Kurs. Ich habe mittlerweile von Kollegen gehört, daß die Ausbildung in anderen Einrichtungen besser sein soll.

Dort soll es auch eine praktische Stoffkunde geben. Allerdings berichten die weitaus meisten Kollegen von ähnlichen Erfahrungen, wie ich sie gemacht habe. Bessere Ausbildungen kommen durch das persönliche Engagement einzelner Ausbilder zustande, sind aber nicht die Regel und werden auch nicht gefordert. Auch manche Lehrbücher sind besser und erklären zum Beispiel die Ausrüstungsteile am Tank. Aber auch das kann die praktische Übung an einem wirklichen Tankwagen nichtz ersetzen.

Nach meinem Film habe ich verschiedene Zuschriften bekommen, die alle die hohe Qualität der GGVS-Kurse beschwören. So schrieb zum Beispiel der Bundesverkehrsminister am 11. März 1987:

«Es wird in der Schulung sowohl theoretisch als auch praktisch unterrichtet. Die von der Industrie- und Handelskammer anzuerkennenden Kurse brauchen einen internationalen Vergleich nicht zu scheuen und dürften auch von der Dauer her führend in Europa sein... die Schulung hat sich bewährt. Die Qualität der Schulung wird auch in einer Studie der TU München bestätigt (siehe beiliegenden Artikel der *Verkehrs-Rundschau*).»

Diese Studie, die auf Anregung der DEKRA durchgeführt wurde, stellt fest: «Es zeigt sich, daß durchweg ein sehr hoher Ausbildungsstandard erreicht wird.» Diese Aussage wird belegt: «Im Durchschnitt werden 28 oder 30 Aufgaben der Erfolgskontrolltests richtig gelöst. Die Versagerquote (weniger als 20 richtige Lösungen) liegt weiter unter einem Prozent.»[2] Kein Wunder also, wenn positive Bilanz gezogen wird. *Was* da eigentlich geprüft wird, scheint nicht zu interessieren.

In dem erwähnten Artikel der *Verkehrs-Rundschau* wird daher durchaus auch Kritik laut: Die «Ausbildung von Gefahrgut-Fahrern hat ihre Bewährungsprobe bestanden, ist jedoch in einzelnen Punkten verbesserungsfähig... Der Erfolgskontrolltest sollte... überarbeitet werden... Die angewandten Mehrfachwahlantworten verführen zum Auswendiglernen und Pauken, lassen aber das Problembewußtsein und das Verständnis von wichtigen Zusammenhängen außer Betracht.»[3] Genau hier liegt das Problem: In den Kursen wird nicht das Führen eines Gefahrgut-Lkw gelernt, sondern im wesentlichen auf das richtige Ausfüllen der Erfolgskontrolltests hingearbeitet. Und damit sind die Fahrer alles andere als gut ausgebildet.

Die Anforderungen an die Fahrer sind in den letzten Jahren enorm gestiegen. Lkw-Fahrer gehen mit Fahrzeugen und Ladungen mit Werten bis zu mehreren hunderttausend Mark um, tragen eine große

Verantwortung beim Transport gefährlicher Güter. Solche Aufgaben fordern den qualifiziert ausgebildeten Facharbeiter. Zur Verbesserung der Ausbildungssituation der Kraftfahrer wurde bereits 1974 die Berufskraftfahrer-Ausbildungsordnung erlassen. Über 60 000 Fahrer mit längerer Berufspraxis sind seitdem in Nachschulungen Berufskraftfahrer geworden. Aber nur 3500 haben bisher die zweijährige Erstausbildung absolviert.

«Es wäre längst an der Zeit gewesen, die Berufskraftfahrer-Ausbildungsordnung von Grund auf zu erneuern. Mindestens drei Jahre Ausbildungsdauer, davon das letzte Jahr ständige Fahrpraxis auf allen gängigen Fahrzeugarten, Prüfung auf dem Niveau der tatsächlichen Berufsanforderungen. Und vor allem: Wie in den Niederlanden (dort ab Geburtsdatum 30. 6. 1955) kommt ab einer bestimmten Altersstufe niemand mehr auf den Bock, der nicht Berufskraftfahrer ist ... In der Bundesrepublik geht es in eine andere Richtung. Nach wie vor darf jeder Inhaber der Fahrerlaubnis Klasse II nach Erhalt des Führerscheins sofort mit 40 Tonnen Zuggewicht auf die Reise gehen ... Hat er dazu noch den ‹Eine-Woche-Gefahrgut-Kochkurs› bestanden (wobei es schwer ist, den nicht zu bestehen), dürfen von den 40 Tonnen Zuggewicht 25 Tonnen Flußsäure sein.»[4] Diese Aussagen stammen von einem Praktiker, einem Fernfahrer.

Nach wie vor produziert vor allem die Bundeswehr jährlich Tausende von Führerschein Klasse II-Inhabern, die als billige Arbeitskräfte auf den Fahrermarkt drängen. Die Gewerkschaft ÖTV fordert seit langem die Verbesserung der Ausbildung: «Auf einen Tankzug gehört ein Facharbeiter und nicht ein Hilfsarbeiter mit Führerschein plus GGVS (Gefahrgut-)Schnellkurs ... Sicher kann davon ausgegangen werden, daß der größte Teil der Fahrer, aus vielen Berufen oder der Bundeswehr kommend, wenig fundierte Kenntnis über die Fahrphysik von Fahrzeugen und speziell Tankfahrzeugen besitzt. Statt die Ausbildung anzuheben, hat die Bundesanstalt für Arbeit in Nürnberg die Stundenzahl gegen unseren Protest noch herabgesetzt. Dabei wäre es dringend notwendig, die GGVS-Ausbildung in eine Berufskraftfahrer-Ausbildung zu integrieren, die diese Bezeichnung wirklich verdient.»[5]

Damit sind die qualitativen und quantitativen Möglichkeiten der bisherigen «Ausbildungsstätten» angesprochen. Bisher können alle möglichen Verbände und Vereine die Kurse durchführen (sie müssen allerdings von der Industrie- und Handelskammer anerkannt sein), und sie führen sie auch recht gern durch. Denn bei einer Lehrgangsgebühr von 500 DM pro Teilnehmer und durchschnittlich ca. 20 Teilnehmern bieten sie einen hübschen Gewinn, den sich kaum einer entgehen lassen will.

Die Integrierung des GGVS-Kurses in die Berufskraftfahrerausbildung und die Verbesserung der materiellen Ausstattung der Schulen mit Möglichkeiten zum praktischen Unterricht, einem Übungsplatz für Fahrversuche etc. machen wahrscheinlich die Einrichtung einiger weniger zentraler Berufskraftfahrer-Ausbildungsstätten sinnvoll und notwendig. Dort könnte dann beispielsweise auch ein notwendiges «Havarie-Training» durchgeführt werden, bei dem die Fahrer einmal wirklich erleben können, wie schnell ein Tankzug aus der Kurve kippt. Solch ein «Havarie-Kurs» könnte und sollte auch als regelmäßige Fortbildung der Fahrer durchgeführt werden. Für die vielen «kleinen» Ausbildungsstätten würde dabei eine hervorragende Einnahmequelle verlorengehen. Doch der Qualifizierung der Fahrer und damit der Sicherheit des Straßenverkehrs wäre allemal gedient.

Der GGVS-Schein ist bisher nur für die Fahrer von Tankwagen vorgeschrieben. Die Fahrer von Stückgut-Transporten brauchen für den Transport von Gefahrgut keine besondere Ausbildung. Die Gewerkschaften fordern seit langem die Einführung einer besonderen Ausbildung auch der Stückgut-Fahrer. Folgt man Berhard Bünck, Präsident des Bundesverbandes Spedition und Lagerei, sollte man die Ausbildung der Fahrer allerdings nicht weiter verbessern. Er führte auf dem erwähnten Gefahrgut-Forum in Bonn aus: «Nach dem Unglück von Herborn wurden insbesondere zwei Forderungen laut: Die erste Forderung bezog sich auf die Fahrer von gefährlichen Gütern. Immer höhere Ansprüche an ihre Qualifikation und Tätigkeit wurden gestellt ... Die Spedition warnt eindringlich davor, den Fahrer immer weiter zu belasten. Deshalb: Fahrer nicht überfordern.»

Das Überfordern besorgen die Spediteure lieber selbst. Dazu mehr im nächsten Kapitel.

Lenk- und Arbeitszeiten

«Übermüdung tötet!» Unter diesem Motto haben die europäischen Transportarbeitergewerkschaften eine große Kampagne gestartet gegen die Absicht der Europäischen Gemeinschaft, die Lenkzeiten von 48 auf 56 Stunden in der Woche zu erhöhen. Die Situation ist jetzt schon schlimm, sie wird mit Einführung der EG-Verordnung katastrophal. Dazu zunächst einige Zeitungsmeldungen:

Frankfurter Rundschau, 15. Januar 1987: «Freiburg. Ein mit neun Tonnen radioaktivem Uranhexafluorid beladener Transporter ist am Dienstagabend auf der Rheintal-Autobahn bei Hartheim verunglückt. Der Fahrer, der vermutlich eingeschlafen war...

Kölner Stadtanzeiger, 11. September 1987: «Mehr als sieben Stunden war gestern die Autobahn 43 zwischen den Auffahrten Senden und Münster Süd gesperrt. Der Fahrer eines mit 20000 Litern Benzin beladenen Lastzuges war mit seinem Fahrzeug von der Fahrbahn abgekommen und die Böschung hinuntergerast. Wegen erhöhter Explosionsgefahr sah sich die Polizei zur Sperrung der Autobahn gezwungen... Der Fahrer, dessen Fahrunterlagen die Polizei zu dem Schluß ‹Übermüdung› veranlaßten, erlitt schwere Verletzungen.»

Kölner Stadtanzeiger, 11. November 1987: «Meckenheim: Chemie-Lkw prallte gegen Pfeiler. In der Nacht zum Dienstag ist ein völlig übermüdeter Lkw-Fahrer mit seinem Lastwagen gegen einen Brückenpfeiler geprallt und dabei ums Leben gekommen. Der Lkw war mit 10 Tonnen Dicarbon-Säuregemisch beladen, das als chemisches Abfallprodukt nicht der Kennzeichnungspflicht als Gefahrgut unterliegt, das jedoch in Verbindung mit Feuchtigkeit ätzende Gase entwickelt. Zwei Polizeibeamte, die den Fahrer aus dem Steuerhaus bargen, mußten später mit Reizungen der Atemwege ambulant behandelt werden.»

Westdeutsche Allgemeine Zeitung, 14. Februar 1985: «Die Autobahn Stuttgart–München wurde am Mittwoch für über fünf Stunden gesperrt, nachdem in Sulzemoos ein mit 105 Giftfässern beladener Lastwagen umgekippt war. Nach Angaben der Polizei schlugen acht Fässer leck, wobei etwa 200 Liter Propargylalkohol ausliefen. Die Chemikalie ist giftig, ätzend und explosiv ... Der in Richtung München fahrende Lastwagen war nach diesen Angaben gegen vier Uhr aus unbekannter Ursache nach rechts von der Fahrbahn abgekommen.»

Unbekannte Ursache? Um vier Uhr morgens? Jeder Fahrer kennt mit Sicherheit die Unfallursache: Übermüdung. Immer wieder geschehen Unfälle, die auf Übermüdung und damit auf zu langes Fahren zurückzuführen sind. Eine anonyme Umfrage zum Thema Einschlafen und Ermüdung am Steuer kam zu erschreckenden Ergebnissen:
– 60 Prozent der Fahrer gaben an, bereits einmal am Steuer eingeschlafen zu sein.
– 23 Prozent hatten bereits einen Unfall wegen Übermüdung.
– 57,4 Prozent gaben Beinahe-Unfälle wegen Übermüdung zu.[6]
Eine Untersuchung der ITF (International Transportworker Federation) ergab, daß 7 Prozent der Fahrer in einen Unfall verwickelt wurden, weil sie am Steuer eingeschlafen waren. Am größten sind diese Gefahren zwischen drei und sechs Uhr morgens. Die Unfallwahrscheinlichkeit liegt dann dreißigmal höher als zwischen 9 und 21 Uhr.[7]
Im ersten Halbjahr 1987 stellte die Polizei bei Kontrollen in NRW in 7084 Fällen Verstöße gegen die Lenk- und Ruhezeiten fest. Im Oktober 1986 wurden in NRW von 4738 überprüften Gefahrgut-Transporten 1000 beanstandet. Fast die Hälfte der Beanstandungen (46,5 Prozent) betraf Verstöße gegen die Sozialvorschriften.
Bisher sehen Arbeitszeitordnung und der gültige Tarifvertrag BMT-Fern (Bundesmanteltarif Fernverkehr) eine Höchstlenkzeit von acht Stunden täglich vor, die höchstens zweimal in der Woche auf neun Stunden verlängert werden kann. Die ununterbrochene Lenkzeit darf nur vier Stunden betragen, dann ist eine Pause von mindestens 30 Minuten fällig. Die wöchentliche Höchstlenkzeit beträgt 48 Stunden (vier Tage mal acht Stunden und zwei Tage mal 9 Stunden). Die Tagesschichtzeit, das heißt die Lenkzeit plus übriger Arbeitszeit (Be- und Entladen, Wartezeiten etc.) einschließlich der Pausen beträgt (beim Alleinfahrer – und das sind die weitaus meisten) zwölf Stunden. Nach dieser Tagesschichtzeit muß der Alleinfahrer elf Stunden Ruhezeit haben.
Am 29. September 1986, im offiziellen «Jahr der Verkehrssicherheit», trat die EG-Sozialvorschrift 3820 in Kraft, die die Sozialvorschriften aus dem Jahr 1969 in den EG-Ländern ablöste. Unter den

harmlos klingenden, irreführenden Etiketten von «Vereinheit-
lichung» und «Harmonisierung» ging es darum, die Lenkzeiten zu erhöhen und die Ruhezeiten zu «flexibilisieren», wie es vornehm heißt.
Diese neue Regelung öffnet dem Mißbrauch durch die Arbeitgeber
Tür und Tor. Die tägliche Lenkzeit soll danach in Zukunft neun Stunden betragen und an zwei Tagen auf zehn Stunden verlängert werden
können. Die tägliche zusammenhängende Ruhezeit beträgt generell
elf Stunden. Sie kann aber auch zwei- bis dreimal in der Woche auf
neun Stunden verkürzt werden – oder sogar an *jedem Tag* auf acht
Stunden –, wenn dafür die gesamte Ruhezeit an diesem Tag statt elf
Stunden zwölf Stunden beträgt.

Aus dieser Verkürzungsmöglichkeit der Ruhezeit leiten die Arbeitgeber den Angriff auf die bisher zwölfstündige Schichtzeit der
Alleinfahrer ab. Die Arbeitgeber rechnen folgendermaßen: Der Tag
hat 24 Stunden, abzüglich einer Ruhezeit von elf bleiben dreizehn
Stunden, die der Fahrer zur Verfügung stehen muß. Oder: abzüglich
einer verkürzten Ruhezeit von neun Stunden bleiben fünfzehn Stunden Schichtzeit. Die Forderung der Arbeitgeber: «Ist das Fahrzeug
mit einem Fahrer besetzt, beträgt die höchstzulässige Schichtzeit des
Fahrers dreizehn Stunden. Diese Schichtzeit kann dreimal wöchentlich auf fünfzehn Stunden verlängert werden!» Das bedeutet, daß in
der Sechs-Tage-Woche insgesamt 84 Stunden Schichtzeit verlangt
werden könnten.

Noch ist es nicht soweit, denn nach Artikel 11 der neuen EG-Sozialvorschrift 3820 bleiben günstigere nationale Regelungen bestehen.
Die Manteltarifverträge sehen noch die acht- bzw. neunstündige
Lenkzeit vor, und so haben die EG-Vorschriften in der Bundesrepublik vorerst noch keine Gültigkeit. Um die neuen Schicht- und Lenkzeiten durchzusetzen, hat jedoch im Herbst 1987 der Bundesverband
des Güterfernverkehrs (BDF) der Gewerkschaft ÖTV den Tarifvertrag gekündigt. Er will tatsächlich die 84-Stunden-Woche für Fernfahrer erreichen. Und das, während andere über die 35-Stunden-Woche
reden! Vielleicht will man damit eine Praxis legitimieren, die schon
heute gang und gäbe ist: die ständige, quasi obligatorische Überschreitung der Lenkzeiten, mit der die Fahrer versuchen, die Vor-
gaben ihrer Speditionen zu erfüllen.

Die meisten Fahrer stehen unter einem enormen Termindruck. Die
Disponenten in den Speditionen planen die Touren, und dann heißt
es: «Mach schnell, du mußt um acht Uhr abladen!» Von Sonntagabend an werden die Fahrer von den Disponenten durch die Lande

gehetzt, von einem Termin zum anderen. Keiner fragt, ob sie zu schnell fahren, ob und wie sie ihre Pausen einhalten und die Ruhezeit machen sollen. In einer Untersuchung über die Arbeitsbedingungen der Fernfahrer stellte sich heraus, daß über 75 Prozent (!) der Fernfahrer in der Doppelwoche über 150, gelegentlich bis zu 250 Stunden arbeiten.[8] Das entspricht einer durchschnittlichen wöchentlichen Arbeitszeit von rund 80 Stunden. Die meisten Fernfahrer, nämlich 62,2 Prozent, fahren immer allein, weitere 16 Prozent gelegentlich mit einem zweiten Fahrer. Im Durchschnitt fährt jeder in der Woche 3450 km.

In einer Broschüre hat die ÖTV die Gesamt-Arbeitszeit eines Kraftfahrers einmal mit der eines Acht-Stunden-Arbeiters (Fünf-Tage-Woche) verglichen[9]:

Das Jahr 1983 hatte 251 Arbeitstage, davon waren ca. 25−28 Urlaubstage, 10 sonstige bezahlte Tage

Kraftfahrer:	Andere Arbeitnehmer
ca. 220 Arbeitstage (an regionalen oder nationalen Feiertagen wird er da eingesetzt, wo kein Feiertag ist) ohne Samstage.	ca. 215 Arbeitstage
Das sind 44 Wochen	Das sind 43 Wochen
ca. 90 Wochenarbeitsstunden	40 Wochenarbeitsstunden
ca. 3960 Jahresarbeitsstunden	1720 Jahresarbeitsstunden
= 2,3fache Arbeitszeit	= 1fache Arbeitszeit
	von Januar bis Dezember

In ca. 40 Jahren Lebensarbeitszeit arbeitet:

Kraftfahrer:	Anderer Arbeitnehmer:
158 400 Stunden	**68 800 Stunden**

oder:
−Der Kraftfahrer hat die 68 800 Stunden bereits nach 17,4 Jahren erreicht.
−Die 158 400 Lebensarbeitsstunden des Kraftfahrers haben andere Arbeitnehmer erst mit einem Lebensalter von 112 Jahren erreicht!

Dazu kommen die bedeutend größere psychische und physische Belastung der Fahrer, bedingt durch unregelmäßiges Leben und Essen, Konzentration – Streß – Konkurrenzdruck, soziale Probleme, Kommunikationsmängel, wenig Kontakt zu Freunden und Familie – teilweise an Wochenenden und Feiertagen abwesend usw.

Verstöße gegen die Sozialvorschriften

In einer großangelegten Aktion kontrollierten im Jahre 1980 die bayrischen Gewerbeaufsichtsämter in zahlreichen Betrieben die Einhaltung der Sozialvorschriften. Von den 4866 untersuchten Betrieben im Bereich des Güterbeförderungsverkehrs wurden 3791 beanstandet. Das ist eine Quote von 77,9 Prozent! [10]

Lenk- und Ruhezeiten werden mit dem Tachographen kontrolliert. Das ist das in jedem Lkw eingebaute Kontrollgerät, in das eine Tachoscheibe eingelegt wird. Auf ihr sind zurückgelegte Kilometer, Geschwindigkeit und eben auch Fahrt- und Standzeiten zu erkennen. Jeder weiß, daß es eine ganze Reihe von Möglichkeiten gibt, die Fahrtenschreiber zu manipulieren. So etwa der Gebrauch einer zweiten Tachoscheibe. Damit kann ein ganzer Arbeitstag «verschwinden», und bei einer Kontrolle hat man gerade «frisch ausgeruht» seine Arbeit begonnen. Den gleichen Effekt hat es, wenn zwei Fahrer nach gefahrener Schicht ihre Fahrzeuge tauschen und mit neuer Tachoscheibe von vorn beginnen. Laut Tachograph haben sie gerade erst zu arbeiten begonnen. Eine andere Möglichkeit ist das Verstellen der Uhr, mit der man sich quasi eine Ruhezeit zusätzlich verschafft in einer Zeit, in der man in Wirklichkeit gefahren ist.

Auch technische Manipulationen sind möglich. «In einer Blitzaktion stellten Polizeibeamte auf dem Hof der Spedition Rüberg in Menden bei Iserlohn alle siebzehn Tanklastzüge des Unternehmens vorübergehend sicher, die sonst ausschließlich mit gefährlicher Fracht in der Bundesrepublik und im Ausland unterwegs waren. Fachleute des Gewerbeaufsichtsamtes und Spezialisten der Tachofirma Kienzle schraubten an Ort und Stelle die Armaturenbretter der Zugmaschinen auseinander und untersuchten die elektrischen Leitungen. An sechzehn Lastern entdeckten sie versteckt eingebaute Schalter, mit denen die Stromzufuhr zu den Tachographen unterbrochen werden konnte.» [11] Dann zeichnet der Tachograph nur noch «Ruhezeit» auf, während der Tankwagen mit hoher Geschwindigkeit über die Autobahn braust. Manche erreichen das durch einfaches Herauslösen der Sicherung. Es gibt noch viele weitere Möglichkeiten der Manipulation, und die meisten werden bei einer (meist oberflächlichen) Polizeikontrolle nicht entdeckt.

Viele Firmen halten die Fahrer bewußt zu Verstößen gegen die Arbeitszeitregelungen an – nicht nur durch den großen Termindruck, sondern auch durch offene Unterstützung, manchmal sogar durch die Aufforderung zur Umgehung der Sozialvorschriften. So schrieb mir eine große Tank- und Silospedition, die Fa. IMGRUND nach meinem Film: «Zum Thema Lenkzeitüberschreitungen erlauben wir zu bemerken, daß wir diese von uns aus in gewissem Maße dulden und längst nicht für so gefahrvoll halten wie Geschwindigkeitsüberschreitungen.»[12] In einem Erfahrungsbericht eines Polizisten an den Innenminister von Nordrhein-Westfalen heißt es:

«Es würde zu weit führen, hier auf alle möglichen und praktizierten Manipulationen einzugehen, die sich sowohl auf manuelle als auch auf technische an den Kontrollgeräten beziehen. Tatsache ist, daß einfach schon deshalb viel manipuliert wird, um den Nachweis von Überschreitungen von Lenkzeiten und Unterschreitungen von Ruhezeiten... zu erschweren oder unmöglich zu machen. In Einzelfällen gelingt der Nachweis, daß Unternehmen interne ‹Fahrpläne› an ihre Fahrer aushändigen, in denen diese angewiesen werden, wann, wo und in welcher Weise Schaublätter einzulegen, auszuwechseln und zu verwenden sind.»[13]

Unzulässige Arbeitsüberlastungen werden häufig gleich mit eingeplant. Übermüdung wird bewußt in Kauf genommen. So ist es auch kein Wunder, daß nach eigenen Angaben 73 Prozent der Fahrer «durch ihre alltägliche Arbeitsleistung an die Grenze ihrer Leistungsfähigkeit und Belastbarkeit geraten» und sich 17 Prozent der befragten Fahrer «schon jetzt durch ihr Arbeitspensum überlastet» fühlen.[14]

Von Truckern und Subunternehmern

Warum machen die Fahrer das eigentlich mit, warum wehren sie sich nicht oder steigen aus?

Am Verdienst kann es kaum liegen. Die meisten Fernfahrer werden mit Monats- oder Wochenpauschalen bezahlt, die weit unter den Facharbeiterlöhnen in der Industrie liegen. Eine Untersuchung aus dem Jahre 1983 ermittelte folgende Bruttolöhne für Fernfahrer[15]:

zwischen 2 100 DM und 2 574 DM	26,0%
zwischen 2 613 DM und 2 830 DM	19,8%
zwischen 2 850 DM und 3 000 DM	18,1%
zwischen 3 090 DM und 3 500 DM	26,4%
zwischen 3 600 DM und 5 000 DM	9,7%

Über die Hälfte der Fahrer lagen damit deutlich unter 2900 DM monatlich. Dazu kommen noch durchschnittlich 100 bis 150 DM Spesen in der Woche, die netto ausbezahlt werden. Diese Spesen werden von den Fahrern zwar oft zum Lohn dazugerechnet, dürfen aber eigentlich nicht gezählt werden, da sie ja dazu dienen, zusätzliche Kosten aufzufangen. Rechnet man die Pauschallöhne um auf die tatsächlich geleistete Arbeitszeit, so kommt man auf einen Stundenlohn von weit unter 10 DM! Die Zahlen stammen von 1983, aber die Situation hat sich bis heute nicht wesentlich geändert.

Bei Auseinandersetzungen um Gehaltsforderungen oder über die Arbeitsbedingungen sind die Fahrer weitgehend auf sich allein gestellt. Ein kurzer Blick auf die Struktur der Branche verdeutlicht die Gründe:

Im gewerblichen Güternahverkehr waren 1984 42 451 Unternehmen tätig. Davon besaßen[16]:

50,7% der Unternehmen	1 LKw
18,9% der Unternehmen	2 LKw
10,0% der Unternehmen	3 LKw
5,5% der Unternehmen	4 LKw
14,9% der Unternehmen	5 LKw

Im Fernverkehr läßt sich die Größe eines Unternehmens an der Anzahl der Transportkonzessionen feststellen. Sie waren im November 1982 wie folgt verteilt[17]:

1 Genehmigung	2 715 Unternehmen	29,9%
2 Genehmigungen	2 028 Unternehmen	22,3%
3 Genehmigungen	1 181 Unternehmen	13,0%
4–6 Genehmigungen	1 826 Unternehmen	20,1%
7–10 Genehmigungen	773 Unternehmen	8,5%
11 und mehr Genehmigungen	567 Unternehmen	6,2%

Der überwiegende Teil der Branche besteht also aus Unternehmen mit einem bis drei Lkws bzw. ein bis drei Genehmigungen für den Fernverkehr. Über zwei Drittel der Betriebe sind so klein, daß das Betriebsverfassungsgesetz nicht greift und damit keine Mitbestimmungsmöglichkeiten gegeben sind. «Das Verhältnis Fahrer–Arbeitgeber ist häufig ein ganz spezielles: Transportbetriebe, vor allem kleinere, werden oft selbst vom Eigentümer geleitet, der aus der Branche stammt und sich zu einem bestimmten Zeitpunkt selbständig gemacht hat. So ist der direkte Vorgesetzte des Fahrers häufig der Unternehmer selbst, der nicht selten ein geradezu patriarchalisches Verhältnis zu den Fahrern hat. Dementsprechend steht der Fahrer bei betrieblichen Interessensauseinandersetzungen – die häufig einen sehr persönlichen Charakter annehmen können – dem Unternehmer direkt gegenüber, ohne die Vermittlung von betrieblichen Instanzen.»[18]

Dazu kommt, daß die meisten Fahrer sehr isoliert von ihren Kollegen arbeiten. «Nur 45 Prozent der befragten Fahrer haben ausreichend Kontakt zu ihren Kollegen, wenn es darum ginge, in der Firma etwas durchzusetzen, 27 Prozent haben nur wenig, 27,5 Prozent fast gar keinen Kontakt zu ihren Kollegen.»[19] Zwar ist der gewerkschaftliche Organisationsgrad von Lkw-Fahrern in den letzten Jahren gestiegen, doch viele sind auch heute noch «Einzelkämpfer» – in der

Realität ebenso wie in der Idealvorstellung, die sie sich von ihrem Beruf machen. Das Selbstbild des «Truckers», des einsamen Kapitäns der Landstraße, vermag offenbar viele Fahrer für die lange Arbeitszeit, für Überlastung und fehlendes Privatleben zu entschädigen. Dazu zwei kurze Zitate aus Trucker-Songs:

«... ja er bringt seine Fracht stets pünktlich an das Ziel,
es macht ihm Spaß, nichts ist zuviel.
Ein richtiger Mann ist immer unterwegs,
er läßt den frischen Wind sich um die Nase wehn,
mit dem Geschmack von Teer und Dieselöl,
und das Dröhnen der Motoren ist Musik in seinen Ohren.
Und ist er dann im Urlaub mal zu Hause,
nach langer Zeit die längst verdiente Pause,
sagt er sich jeden Tag, ich will bald wieder fahrn,
denn er vermißt die Autobahn.»

«... meine Antwort ist die große Autobahn,
wer sie einmal fuhr, der wird sie immer fahrn,
und mit 300 PS und dem Herz am rechten Fleck,
werd ich bis ans Ende meiner Straße fahrn ...
ich weiß, daß sie mich mit diesem Job nicht will,
doch ich bin ein Mann, der dies Stück Freiheit braucht,
der das was er sagt auch ehrlich meint und braucht.»

Der Beruf des Fernfahrers hat immer noch den Hauch von Freiheit und Abenteuer, das ist auch der Zigarettenwerbung nicht entgangen. Offensichtlich wird hier ein Grundbedürfnis, ein Traum der Menschen angesprochen, den die Realität nur wenigen erfüllen kann.

Der Traum: Einsam und verwegen sitzt der Trucker auf seinem Bock. Vor ihm das endlose graue Band der Straße. Die Straße, die niemals endet. Wohin führt sie? Überall und nirgendwo hin. Zum Meer, zu den Bergen, zum Leben und zur Einsamkeit. Leben. Sterben. Jeder fährt seine Straße allein, jagt seinem Leben, seinem Ziel nach. Viele Lastwagen, viele Wege, die sich treffen, man fährt ein paar Meilen zusammen, dann heißt es Abschied nehmen: den einen zieht es nach Süden, den anderen wer weiß wohin. Der Kapitän der Landstraße – er fährt nicht aus persönlichem Vergnügen herum, er arbeitet. Jeder kann ihm dabei zusehen, und der Lkw selber ist ein Symbol für die Anstrengung der Arbeit, die Kraft, die Stärke, die zu ihrer Bezwingung notwendig sind. 380 Pferdestärken wollen gebändigt sein. Sechzehn Gänge, die schon allein das Schalten zum Abenteuer für den Normalbürger machen. Was sind dagegen die fünf Gänge der Sportwagen?

380 Pferde, wilde, verwegene, nach Freiheit drängende Kraft, die von einem Menschen gebändigt wird, dem Trucker. Da reicht auch das deutsche Wort Lkw-Fahrer nicht aus. In Trucker schwingt vieles mit. Fahrten über einen großen Kontinent, ohne kleinstaatlich anmutende Staatsgrenzen wie in Europa, die großartigen Weiten der Wüsten und Steppen, begrenzt durch schneebedeckte Berge, gegen die die Alpen wie ein kultivierter Vorgarten wirken. Von den Schlachthöfen Chicagos, den Werkshallen New Yorks über die schneebedeckten Rocky Mountains bis zur Pacific-Coast Kaliforniens und weiter nach New Mexico, dazwischen Tausende von Meilen Abenteuer. Trucker. Rebellen. Beherrscher des Lebens «on the road», allen Widrigkeiten und immer neuen Gefahren zum Trotz, Beherrscher einer großartigen Technik, Herrscher über 40 Tonnen wertvoller Ladung. Heute Maschinen, morgen Kühe, übermorgen Gefahrgut und alles immer eilige Fracht, die pünktlich am Ziel sein muß.

Für viele Fernfahrer ist dieses Bild vom freien Truckerleben von großer Bedeutung. «Wenn ich auf dem Bock bin, bin ich mein eigener Herr!» Entsprechend nennen die Fahrer in einer Untersuchung als Motivation für die Entscheidung, Fernfahrer zu werden[20]:
– «sein eigener Herr zu sein» 64,8%
– «nicht laufend einen Vorgesetzten im Rücken zu haben» 62,6%
– «etwas von der Welt zu sehen» 53,0%
– «aus dem ganzen geregelten Arbeits- und Lebensablauf herauszukommen» 46,1%

Stimmt ja nicht, mag man sagen, Fahrtziel und Strecke und vor allem die Ankunftszeit sind genau vorgegeben, und für jede Abweichung muß man sich rechtfertigen. Und doch ist da etwas dran:

Im Gegensatz zu vielen Industriearbeitern, die nur einen kleinen Teil des Produktionsprozesses überschauen, führt der Fernfahrer eine Arbeit von Anfang bis zum Ende alleine durch. Er ist für den Transport von A nach B verantwortlich. Mit «seinem» Lkw, für den er ebenfalls verantwortlich ist. Und wenn auf der Strecke irgend etwas Unvorhergesehenes passiert, ist er ebenfalls der einzige Ansprechpartner. Es ist «sein» Lkw und «seine» Ladung, beides zusammen oft weit mehr wert, als der Fahrer in zehn Jahren verdient. Dazu kommt der Stolz und das gute Gefühl, eine so große Maschine, ein solches Ungetüm sicher und routiniert durch den Verkehr zu lenken. Jede Erschwernis – Wetter, Termindruck, Pannen, Verkehrschaos usw. – sind damit Erhöhungen des eigenen Selbstwertgefühls. Je schwerer die Fahrt war, desto größer ist mein Stolz, wenn *ich* es geschafft habe, Lkw und Ladung trotzdem sicher ans Ziel zu bringen. Das ist meine Leistung, und auf die kann ich stolz sein.

Auch wenn sich also zumindest ein wenig vom Truckerideal in der Realität wiederfindet, so ist und bleibt es doch ein Traumbild, und die Wirklichkeit entfernt sich davon immer weiter. Schon heute besteht für Fernfahrer ein großes Arbeitsplatzrisiko. Auch hier liegt, neben beruflicher Isolation und Truckerideologie, ein Grund, warum sie unter den beschriebenen Bedingungen arbeiten. Die beiden folgenden Aussagen stehen für viele: «Ich will ja nur sehen, daß ich meine Tour hinkriege und vor allem meinen Job behalte.» – «Wenn du dich heute beim Chef über irgendwas beschweren willst, sagt der: ‹Wenn's dir nicht paßt, kannst du ja den Zug auf den Hof stellen und gehen. Es gibt genug andere Fahrer, die eine Stelle suchen.›»

Das Berufsbild der Fernfahrer wird sich wandeln müssen, wenn sie nicht in Zukunft zu vollkommen rechtlosen Fuhrknechten der Speditionen werden wollen. In ihrer Broschüre «Die Industrialisierung des Güterverkehrs oder Der Fernfahrer der Zukunft» hat die ÖTV die Perspektiven aufgezeigt:

Der Fernfahrer der Zukunft –
Strategien und Forderungen der ÖTV

Der Kapitän der Landstraße stirbt aus!

Auch der Fernfahrer wird in Zukunft in die Schußlinie der Rationalisierung kommen – wie fast alle Arbeiter und Angestellten in allen Wirtschaftszweigen. Daher ist es auch an der Zeit, daß man als Fernfahrer von Vorstellungen wegkommt, der «Kapitän der Landstraße» oder ein «Marlboro-Trucker» zu sein. Die Zeiten der «Freiheit auf der Landstraße» sind einfach vorbei. Auch für den Fernfahrer besteht die Gefahr, daß er zum «Bandarbeiter am Transportfließband» wird, computerüberwacht und durch Datenfunk ferngesteuert.

Sich ständig informieren!

Wer als Fernfahrer auch in der Zukunft nicht von Rationalisierungsmaßnahmen überrascht werden will, muß sich – zusammen mit seinen Kolleginnen und Kollegen – sehr gut darüber informieren, was im Güterverkehr ganz allgemein entwickelt und welche Rationalisierungsmöglichkeiten in dem Betrieb bestehen, in dem er selbst arbeitet. Dabei ist es wichtig, im Auge zu behalten, was im gesamten Betrieb läuft, nicht nur in der eigenen Abteilung.

Gemeinsam handeln im Betrieb!

Einige Fernfahrerkollegen fühlen sich heute noch als Einzelkämpfer, die von sich glauben, mit dem Problem im Betrieb allein – ohne die Zusammenarbeit mit Kolleginnen und Kollegen, ohne Betriebsrat und ohne Gewerkschaft – fertig zu werden. Da aber die Rationalisierung im Güterverkehr mit der Zeit alle Fahrer an der einen oder anderen Stelle treffen wird, ist eine erfolgreiche Gegenwehr der Fahrer auf Dauer nur gemeinsam möglich. Dies bedeutet, daß es heute an der Zeit ist, sich mit den anderen Fahrern, aber auch den Kolleginnen und Kollegen aus dem Lagerbereich und aus dem Büro (gerade Angestellte sind vom Computereinsatz betroffen!) zusammenzutun und gemeinsam die Lage im Betrieb zu untersuchen, die anderen Kolleginnen und Kollegen zu informieren und aufzuklären und gemeinsam Gegenmaßnahmen zu entwickeln und durchzuführen.

Betriebsräte wählen und sich in der Gewerkschaft organisieren!

Um eine wirksame Gegenwehr im Betrieb zu organisieren, ist es notwendig, alle Rechte, die man als Arbeitnehmer hat, zu nutzen. Besonders wichtig ist dabei die Wahl eines Betriebsrates. Der Betriebsrat hat auf Grund seiner rechtlichen Stellung gute Möglichkeiten, seine Kolleginnen und Kollegen zu unterstützen und ihnen zu helfen. Genauso wichtig ist die Unterstützung durch die Gewerkschaft (im Bereich Güterverkehr die ÖTV), die bei Auseinandersetzungen im Betrieb und bei Rationalisierungsmaßnahmen beraten kann, Rechtsschutz gewährt und andere Hilfestellungen leistet.

Vom Standpunkt der Fernfahrerinteressen aus lassen sich folgende Forderungen für die zukünftigen Arbeitsbedingungen von Fernfahrern aufstellen:

1. Durch die zukünftigen Tarifabschlüsse muß das Einkommensniveau der Fernfahrer so angehoben werden, daß das bisherige Einkommen der Fernfahrer auch dann erhalten bleibt, wenn – wie bei anderen Arbeitsplätzen auch – die 38,5-Stunden-Woche bzw. die 35-Stunden-Woche eingeführt wird. Die Verkürzung der Arbeitszeit muß bei vollem Lohnausgleich erreicht werden.

2. Die zukünftigen Möglichkeiten der Tourenplanung und Ablauforganisation müssen in erster Linie zu einer Entlastung der Fahrer, zu einer Anpassung der Touren an die Bedürfnisse der Fahrer wie Pausen, Ruhezeiten, mehr Freizeit zu Hause usw. genutzt werden.

3. Es müssen Richtlinien entwickelt werden, die garantieren, daß die Touren realistisch und mit Zeitreserven geplant werden, so

daß für die Fahrer Stress und Hektik abgebaut werden. Bei der Tourenplanung sind den Fahrern weitgehende Mitbestimmungsrechte einzuräumen.

4. Es muß verhindert werden, daß die Überwachungs- und Kontrollmöglichkeiten gegen die Fahrer eingesetzt werden. Statt dessen muß der Fahrer die «Feinplanung» seiner Tour selbständig durchführen können.

5. Bei der Konstruktion und Ausstattung der Fahrzeuge haben in erster Linie die Bedürfnisse der Fahrer im Vordergrund zu stehen. DAS BESTE IST GERADE GUT GENUG FÜR UNS FAHRER! Dazu gehört, daß bei den Führerhausrichtlinien sich der Gesetzgeber an Humanisierungsgesichtspunkten orientieren muß. Auch hier sind den Fahrern weitgehende Mitbestimmungsrechte einzuräumen.

6. Dem Arbeitsschutz ist im Fernverkehr viel mehr Raum zu geben, das heißt die Arbeitsvorschriften sind strikt einzuhalten, der Fahrer muß mit den neuesten und besten technischen Einrichtungen beim Transport gefährlicher Güter geschützt werden, die Ladungssicherung ist zu verbessern, ebenso Fahrzeuge und Lademittel.

7. Der Gesundheitsschutz für die Fahrer ist zu verbessern, Berufskrankheiten sind durch gezielte Verbesserungen bei den Arbeitsbedingungen zu bekämpfen. Durch Kuren, gute Umschulungsmöglichkeiten und Beschäftigungsalternativen muß den betroffenen Kolleginnen und Kollegen geholfen werden.

8. Bei dem zukünftigen Zuschnitt von Fernfahrerarbeitsplätzen ist verstärkt darauf hinzuarbeiten, daß für den Fernfahrer neue Tätigkeitsfelder mit neuen Qualifikationsmöglichkeiten erschlossen werden, etwa im Rahmen von zukünftigen Logistik-Konzepten. Dabei muß eine weitere Erhöhung des Leistungsdrucks vermieden werden, es ist eine Anreicherung der Arbeitsplätze mit einer gleichzeitigen Verminderung der negativen Beanspruchungsfolgen anzustreben.

9. Es sind Weiterbildungsmöglichkeiten für Fahrer zu schaffen, die eine Teilnahme der Fahrer an der Qualifikationsentwicklung in der Arbeitswelt gewährleistet. Die Schulungsprogramme sind zukunftsorientiert anzulegen. Durch baukastenförmigen Aufbau ist der Zugang für berufstätige und ältere

Fahrer zu öffnen, die Möglichkeit einer schrittweisen Weiterqualifikation muß geschaffen werden.

10. Das Berufsbild des Berufskraftfahrers ist weiter auszubauen. Dabei muß überlegt werden, ob nicht angesichts der zukünftigen Entwicklung für den ganzen Transportbereich ein einheitliches, breitangelegtes Berufsbild, z. B. unter Einschluß des Speditionskaufmanns, des Berufskraftfahrers und des Handelsfachpackers geschaffen wird. Nur so sind Arbeitsplatzsicherheit, berufliche Mobilität und Aufstiegsmöglichkeiten langfristig auch für Fernfahrer zu sichern.

Subunternehmer

In den letzten Jahren verringern die großen Transportkonzerne ihre Fuhrparks immer weiter, um die Festkosten abzubauen. Subunternehmer sind billiger, sie verursachen keine Kosten für Versicherungen, Steuern, und vor allem tragen sie das wirtschaftliche Risiko. Fällt der Wagen aus, ist der Fahrer krank, ist keine Ladung da, haben die Transportkonzerne keine zusätzlichen Kosten. Die trägt der Subunternehmer selber.

Subunternehmer kann jeder werden, der den Lkw-Führerschein und einen Lkw besitzt. Er bietet sich den großen Speditionen an. Das Vertragsverhältnis folgt durchgängig einem einfachen Muster: «Der ‹Unternehmer› verpflichtet sich, mit seinem Fahrzeug ständig einsatzbereit zu sein und jede verlangte Transportleistung zu übernehmen. Ihm ist untersagt, nebenher auch für andere Auftraggeber zu fahren. Der Spediteur dagegen verpflichtet sich, abgesehen von der Bezahlung der erbrachten Transportleistung, zu nichts. Eine Auslastungs- oder Umsatzgarantie gibt es in diesen Verträgen in der Regel nicht. Das Risiko mangelnder Auslastung geht alleine zu Lasten des ‹Unternehmers›. Hinzu kommen häufig noch weitere vertragliche Verpflichtungen: Das Fahrzeug muß in der Hausfarbe des Auftraggebers lackiert und mit dessen Firmenschriftzug versehen werden.» [21]

Genau dasselbe machen die großen Tankspeditionen. Es ist bekannt, daß sie bei ihren eigenen Fahrzeugen darauf achten, daß alle Vorschriften befolgt werden und daß kein Schatten auf die blütenweiße Weste fällt. In großartigen Aushängen oder «Unternehmer-Rundschreiben» werden die «Unternehmer» auf ihre Pflichten aufmerksam gemacht. Und dann heißt es lapidar: «Wir fordern Sie hiermit auf, Ihre Gefahrgut-Auflieger schnellstmöglich vorschriftsmäßig herzurichten.» Wenn dann ein Wagen bei einer Kontrolle auffällt, durch Überschreitung der Lenkzeiten etwa oder laxem Umgang mit Sicherheitsvorschriften, bleibt die eigene Weste immer rein, denn schuld war ja der Subunternehmer. Der wird dann eben rausgeschmissen.

Gleichzeitig aber werden die «Unternehmer» so disponiert, daß sie quasi rund um die Uhr fahren müssen, um wirtschaftlich zurechtzukommen. Und das wissen die Firmen, die immer mehr Subunternehmer einsetzen, ganz genau. Sie wissen, daß die Subunternehmer die Sozialvorschriften gar nicht einhalten *können*, denn dann könnten sie nicht mehr wirtschaftlich fahren. Und genau das ist der Grund, weshalb sie zunehmend eingesetzt werden. Sie sind billiger. Und sie sind auf die Touren angewiesen und müssen deshalb (fast) für jeden Preis fahren. Denn «draußen» stehen eine Menge neuer Bewerber, die sich liebend gerne als Subunternehmer verdingen wollen. Und welcher «Unternehmer» kann es sich leisten, eine Tour abzulehnen? Oder bei einem Kunden zu spät zu kommen mit dem Argument: «Ich mußte erst meine gesetzlich vorgeschriebene Ruhezeit machen»? Sicher, keinem «Unternehmer» werden mit diesem Argument die Touren weggenommen. Aber man braucht ja auch keine «Argumente», um jemandem keinen Auftrag mehr zu geben.

In einem internen Rundschreiben einer großen Hamburger Tankspedition heißt es: «Auch möchte ich nicht versäumen, auf die Probleme des Vollbarts, vor allem des Backenbarts hinzuweisen. Jeder Fachmann weiß, daß sich ein Backenbart und eine Gasmaske zusammen nicht verträgt. Wir beschäftigen aber solche Unternehmer-Fahrer!! Können wir uns das leisten?» Das war 1985. Ob es heute dort noch «Unternehmer» mit Bart gibt? Wenn nicht, ob diejenigen, die nicht mehr da sind, wissen, aus welchem Grund?

Der Abbau der Fuhrparks der großen Speditionen und der zunehmende Einsatz von Subunternehmern tragen viel dazu bei, daß die Arbeits- und Sicherheitsbedingungen der Fahrer schlechter werden. Die kleinen Subunternehmer können sich die Einhaltung der Sozialvorschriften gar nicht leisten, Verstöße sind daher unumgänglich und einkalkuliert. Auch regelmäßige Wartungen der Fahrzeuge können aus finanziellen und terminlichen Gründen nicht durchgeführt werden; die finden, wenn überhaupt, am Wochenende auf der Straße oder bei einem befreundeten «Hobbywerker» statt. Vor allem aber sind die Subunternehmer selber und die bei ihnen beschäftigten Fahrer von jeglichen Mitbestimmungsmöglichkeiten ausgeschlossen. Im übrigen gilt das oben gesagte: «Wenn du nicht willst, geh doch, draußen stehen zehn andere und nehmen den Job mit Kußhand!»

Ich habe bei einem meiner Subunternehmer-Chefs noch eine weitere Variante erlebt: Als ich kündigte, wurde mir angeboten, doch als Selbständiger in das Geschäft einzusteigen. Nicht mit einem eigenen Lkw, sondern per Werkvertrag für jede Tour einzeln bezahlt. Natürlich mit dem Risiko, kein Geld zu verdienen, wenn keine Aufträge vorliegen.

Fahrzeugtechnik und Sicherheit

Durchschnittlich achtzig Stunden in der Woche arbeitet ein Fernfahrer. Und den Großteil dieser 80 Stunden verbringt er in seinem Fahrzeug, konkreter: in der Fahrerkabine.

Einen wesentlichen Anteil an der Entwicklung komfortabler Fahrerkabinen hatte der Arbeitskräftemangel in den fünfziger Jahren. «Für Unternehmer war es seinerzeit nicht leicht, Fahrer für die Arbeit auf solchen Geräten zu finden und vor allem zu halten. Fahrpersonal war noch knapp und stellte Ansprüche. Wenigstens etwas Komfort mußte her, beim Raumangebot und bei den Stellkräften der Bedienteile.» [22] Im Laufe der Jahre wurde die Fahrzeuglänge gesetzlich immer weiter reduziert. 1956 wurden mit den «Seebohm-Gesetzen» durch entsprechende Längen- und Gewichtsbegrenzungen und mit der Einführung der Europalette ein Prozeß in Gang gesetzt, in dessen Verlauf die Fahrerkabine immer weiter verkürzt wurde, um dadurch die Ladefläche zu vergrößern. Das Nachsehen hatten die Fahrer:

«Durch das Umsteigen von Schnauzen-Lkw auf Frontlenker-Lkw, also durch das Verlegen des Führerhauses über die Maschine oder besser durch das Verlegen der Maschine in das Führerhaus, das aus der Sicht der Transportunternehmer wegen der Verkürzung der höchstzulässigen Fahrzeuglängen durch den Gesetzgeber nötig wurde, haben sich die Risiken der Fahrer im Falle eines Unfalls vervielfacht. Ohne den vorgeschobenen Schutz des vor dem Fahrer liegenden Motors wurde praktisch der Fahrer selbst zur Knautschzone des modernen Lkw.» [23]

Ziel solcher und anderer technischer Neuentwicklungen war vor allem für die Hersteller die Senkung der Produktionskosten. Der Lkw sollte möglichst reibungslos am Fließband produziert werden können. Für die Unternehmer ging es darum, die Fahrzeuge mit möglichst viel Laderaum auszustatten und ihnen einen schnelleren, wirtschaftlicheren und möglichst ununterbrochenen Dauerbetrieb zu ermöglichen. Sicher, die Arbeitsbedingungen des Fahrers haben sich verbessert – in manchen Punkten. Dort nämlich, wo die unmittelbar mit dem Fahren verbundenen Belastungen, die zur Ermüdung führen, gesenkt werden konnten. So braucht ein Fahrer heute beispielsweise nicht mehr soviel Kraft wie früher, um das Lenkrad zu bewegen, wenngleich die körperlichen Belastungen der Fernfahrer immer noch erheblich sind. Solche Erleichterungen dienten aber vor allem dem Zweck, die Voraussetzungen zu schaffen für die weitere Steigerung der Arbeitsleistung des Fahrers.

«Lastwagenfahren war früher die Beschäftigung von kräftigen, gegenüber den Widrigkeiten von Natur, Wetter, Motor oder platten Reifen widerstandsfähigen Mannsbildern. Heute ist Lastwagenfahren, akademisch gesehen, eine ‹zivilisatorische Allerweltsqualifikation›. Der Lkw unterscheidet sich, den Bedienkräften nach, nicht mehr viel vom Pkw. Er ist nur ein bißchen länger, breiter und höher... Und wenn einer nicht zurechtkommt, kommt der nächste. Jeder darf mal. Daher wurde des Fahrers Haus auch geändert. Es wurde zu jedermanns Keksdose. Noch schlimmer. Heute wird mit Kabinen Fernverkehr gefahren, die vor zwanzig Jahren für die Nahzone gerade ausreichend angesehen wurden.»[24]

Zum Schlafen ist in diesen Führerhäusern kaum noch ausreichend Platz, und häufig sind schon akrobatische Verrenkungen nötig, um überhaupt die Schlafstatt herzurichten. Seit einigen Jahren gibt es als neuesten Schrei den «Topsleeper», das sind Führerhäuser, in denen sich die Schlafkoje nicht mehr hinter dem Fahrer befindet, sondern über ihm; entwickelt in dem Bestreben, den vorhandenen Laderaum noch um einige Zentimeter zu vergrößern. Nach dem Fahrer fragt niemand. Der muß jetzt, will er schlafen, durch eine Öffnung im Dach des Führerhauses in die schlecht belüftete und schlecht zu heizende Kabine kriechen.

Wer schon nicht richtig schlafen kann, für den brauchen offenbar auch keine aufwendigen Sicherheitsvorkehrungen für die Fahrt getroffen zu werden. Folkher Braun, Fernfahrer seit langen Jahren, zieht Bilanz: «Ist der Fahrer an seinem Arbeitssitz angelangt, so befindet er sich an einem äußerst gefährlichen Ort. Lkw-Kabinen haben in der Regel Verbundglaswindschutzscheiben. Nach derselben Regel sind in Lkw-Kabinen keine Sicherheitsgurte, geschweige denn etwas Aufwendiges wie ein ‹airbag›. Hat der Fahrer bei hoher Geschwindigkeit einen Frontalunfall, so gilt die zynische Wahlmöglichkeit Genick gebrochen und sofort tot oder Gesicht zerschnitten, Augenlicht verloren oder was es sonst noch an widerlichen Unfallfolgen gibt. All das, was in der Pkw-Unfallforschung schon seit Jahren fix und fertig an Konstruktionsdetails erforscht, geprüft und verwendet wird, kommt beim Lkw entweder gar nicht vor, oder es existiert nur als unverbindliche Empfehlung...»[25]

Im Zusammenhang mit Gefahrgut-Transporten wird schon seit längerem die Verbesserung der technischen Ausrüstung diskutiert. So wurde im Auftrag des Bundesministers für Forschung und Technologie (BMFT) TOPAS entwickelt, ein neuartiger Sicherheits-Tankzug (TOPAS = «Tankfahrzeug mit optimierten passiven und aktiven Sicherheitseinrichtungen»). Der Schwerpunkt liegt bei diesem Fahrzeug tiefer, es kann daher nicht so leicht umkippen, es hat Bremsen, die nicht blockieren können, eine Dauerbremse, die nicht heißlaufen kann, Räder, die beim Anfahren nicht durchdrehen, eine elektronische Luftdrucküberwachung, eine Video-Rangierhilfe im Führerhaus und eine Leuchttafel am Heck des Fahrzeugs, die ankündigt: «Fahrzeug schwenkt aus».

Am sinnvollsten ist wohl die Absenkung des Schwerpunktes, die das Fahrzeug stabiler machen soll. Aber diese Maßnahme allein bringt noch keine grundlegende Verbesserung. Denn die Tatsache, daß man mit TOPAS «viel schneller in die Kurve gehen kann», kann und wird auch den Effekt haben, daß die Fahrer bei unverändertem Termindruck auf diesen Fahrzeugen eben schneller eine Kurve durchfahren und damit wieder genauso «an der Kippgrenze» fahren wie bisher. Nur eben jetzt mit 60 km/h und nicht mit 35. Was passiert, wenn ein Fahrer, der einige Zeit mit TOPAS (schneller und «kippsicherer») gefahren ist, wieder einen anderen Wagen fährt? Das ist bei den Speditionen ebenso wie im Tankstellen-Verteilungsbereich an der Tagesordnung.

Bei den anderen «technischen Wundern» handelt es sich bei allen «Neuheiten» um technisch bereits seit langem bekannte Systeme. Und es bleibt für mich ein Geheimnis, wie diese Spielereien den Transport von Gefahrgut wirklich sicherer machen können. Ob das Fahrzeug wirklich sicherer ist, wenn der Fahrer mit kleinen roten Lämpchen angezeigt bekommt, daß der Reifendruck nicht mehr stimmt. Braucht er das jetzt nicht mehr nachzumessen? (Kostenpunkt dieser «Sicherheitseinrichtung» immerhin 16 000 bis 17 000 DM) Was soll die Videokamera, mit der der Fahrer alleine zurücksetzen kann? Soll sie den Einweiser ersetzen? Und was soll die Leuchttafel, die dem nachfolgenden Verkehr anzeigt: «Fahrzeug schwenkt aus!»? Bisher haben die Fahrer das geregelt, indem sie zum Beispiel den rechten

Blinker setzten, auch wenn sie nach links ausholen mußten und dann –
vorsichtig – nach rechts abbogen. Dabei muß man sehr genau auf den
Verkehr achten. Wird das in Zukunft überflüssig?

Die wirkliche Funktion von TOPAS ist eine andere: Die Öffentlichkeit wird beruhigt: «Hier ist das wirklich sichere Fahrzeug!» Man
tut so, als sei mit der Verbesserung der Technik das Problem der Sicherheit zu lösen, und lenkt damit ab von den wirklichen Problemen,
den schlechten Arbeitsbedingungen der Fahrer. Sicherlich, insgesamt gesehen ist TOPAS eine sinnvolle Neuerung – aber nur dann,
wenn sie im Zusammenhang mit einer tatsächlichen Verbesserung
der Arbeitsbedingungen steht. Nach dem Herborn-Unfall hat der
DGB nachdrücklich gefordert: «Die im Rahmen der Entwicklung
des TOPAS-Fahrzeugs gewonnenen Erkenntnisse über konstruktive
Maßnahmen zur Verbesserung der Sicherheit von Tankfahrzeugen
(niedriger Schwerpunkt etc.) sind kurzfristig in verbindliche Bauvorschriften umzusetzen.»[26] Doch dies allein reicht bei weitem nicht
aus.

In den Augen der Industrie hat TOPAS einen entscheidenden
Nachteil. Das Fahrzeug kostet ca. 450000 DM, das heißt etwa
100000 DM mehr als ein herkömmlicher Tankwagen. Bisher wehren
sich die Unternehmer daher gegen die verbindliche Einführung von
TOPAS. So etwa W. Hoyer, Gründer und Geschäftsführer der Hoyer-
Gruppe, mittlerweile die größte Tankspedition in Westeuropa, auf
dem Aschaffenburger Verkehrsforum 2: «An anderer Stelle in der
Studie (gemeint ist TOPAS, d. V.) heißt es, daß man mit weiteren
technischen Verbesserungen an den Fahrzeugen das Unfallgeschehen
in nur sehr geringem Maß beeinflussen könne und wenn, dann nur mit
einem sehr hohen finanziellen Aufwand. Diese Aussage überrascht
mich nicht. Es gibt absolute Grenzen für Verbesserungen an den
Fahrzeugen. Das größte Risiko ist und bleibt der Mensch selbst, in
diesem Fall der Mensch als Fahrzeuglenker.»[27]

Da ist Herrn Hoyer zuzustimmen. Nur: er will keins von beidem,
denn daß die Spediteure die Arbeitsbedingungen der Fahrer verbessern wollen, um das «größte Risiko» zu vermindern, ist bisher nicht
bekannt.

Technik wird nur dann eingeführt, wenn sie der Wirtschaftlichkeit
nutzt. Auf der Internationalen Automobilausstellung (IAA) 1985
und 1987 in Frankfurt stellten mehrere Firmen von ihnen neu entwik-
kelte Bordcomputer vor, unter anderem die Firma Mannesmann/
Kienzle mit dem Fuhrpark-Management-System FM 1330. Mit die-

sen Bordcomputern lassen sich im Computer der Speditionsfirma mit
einem lückenlosen Protokoll alle Ereignisse während der Fahrt aus-
werten. Der wesentliche beabsichtigte Effekt ist wohl die umfassende
Kontrolle des Fahrers. Keiner ist aber bisher auf die Idee gekommen,
diese Technik für eine Verbesserung der Arbeitsbedingungen der
Fahrer einzusetzen. So könnte man nicht nur die Lenk- und Ruhezeiten besser kontrollieren und planen, sondern auch die zusätzlichen
Belastungen des Fahrers erforschen (Lüftung, Heizung, Lärm, Vibra-
tion etc.). Doch welcher Spediteur will so etwas kaufen? Für Techni-
ken zur totalen Fahrerkontrolle, zur Entwicklung neuer logistischer
Konzepte und den Einsatz perfektester Bordcomputer aber ist offensichtlich Geld vorhanden.

Bereits bei der Vorstellung von TOPAS wurde deutlich, daß technische Neuerungen auch zu Gefährdungen des Straßenverkehrs führen
können – und zwar dann, wenn sie dem Fahrer Tätigkeiten abnehmen, für die er bisher selbst verantwortlich war. Was geschieht, wenn
die neue Technik versagt und der Fahrer keinen Einfluß mehr auf die
von dieser Technik übernommene Funktion hat? Ein erschreckendes
Beispiel liefert ausgerechnet das Tankwagen-Unglück in Herborn.

Fall 2: **Herborn und die neue Schaltung***

Am 7. Juli 1987, abends gegen 21 Uhr, rast ein mit 34 000 Litern
Treibstoff beladener Tankwagen in das hessische Städtchen Herborn. Die Ladung explodiert. Innerhalb weniger Minuten steht ein
Teil des historischen Stadtzentrums in Flammen. Sechs Tote,
35 Verletzte, 44 Menschen verlieren ihre Wohnung und ihr Hab
und Gut. Auch der 47 Jahre alte Tankwagenfahrer wird schwer

* Der nachfolgende Text beruht im wesentlichen auf dem Kommentar des
 Filmes ‹*Der Fall Herborn*›, den das KAOS Film- und Videoteam Köln im
 Juli 1987 produzierte. Teile des Films wurden vom Fernsehmagazin MO-
 NITOR (WDR) Ende Juli 1987 gesendet.

verletzt. Nach seinen Angaben hat die Schaltung versagt, und auf der stark abschüssigen Strecke habe er den Wagen allein durch Bremsen nicht zum Stillstand bringen können. Gegen ihn ermitteln Staatsanwaltschaft und eine Sonderkommission der Polizei wegen fahrlässiger Tötung.

Zwei Tage nach der Katastrophe wird das Tankzugwrack auf das Gelände der Daimler-Benz-Niederlassung im benachbarten Dillenburg gebracht. Schon zu dieser Zeit gibt es Vermutungen, mit einer neuen elektronischen Daimler-Schaltung, kurz EPS genannt (Elektronisch-Pneumatische Schaltung), habe es bereits öfters Störungen gegeben. Diese Schaltung war serienmäßig auch in Vogts Lkw eingebaut. Dennoch demontieren nun Daimler-Mitarbeiter das Fahrzeug, unbeaufsichtigt vom Sachverständigen. Auf unsere Frage, wieso denn das Fahrzeug von Daimler auseinandergebaut würde, gegen die ja in diesem Zusammenhang ebenfalls ermittelt werden müßte – denn immerhin sei ja der Verdacht vorhanden, daß die EPS-Schaltung etwas mit dem Unfall zu tun haben könne –, antwortet der leitende Oberstaatsanwalt Grössel: «Da muß ich klarstellen, es wird nicht gegen die Firma Daimler ermittelt und ich habe bis jetzt keine Anhaltspunkte dafür, in irgendeiner Weise dort ein Mißtrauen zu hegen.»

Der Verteidiger des Unglücksfahrers, Josef Vogt, sieht das anders: «Es müssen sämtliche Ursachen dieses Unfallgeschehens bis hin zum Konstruktionsmangel mit Nachdruck aufgeklärt werden. Und ich als Verteidiger von Herrn Vogt habe konkrete Anhaltspunkte dafür, daß hier ein Mangel im EPS-System vorliegt, so wie mir Herr Vogt die Abläufe im Führerhaus bis zu dem Zeitpunkt, wo er weder Bremswirkung noch Schaltwirkung verspürte, schilderte. Ich denke also, daß die Ermittlungen sich im Laufe dieses Verfahrens ausdehnen müssen.»

Schon Monate vor dem Herborner Unfall hatten Fernfahrer über Schwierigkeiten mit der Schaltung geklagt. Dazu ÖTV-Sekretär Wolfgang Baars nach einer Sitzung des Gefahrgut-Beirats beim Bundesverkehrsminister:

«Bereits Anfang des Jahres haben wir in einer Sitzung hier in Bonn darauf hingewiesen, daß mit diesem Getriebe möglicherweise Schwierigkeiten bestehen. Nach dem Unfall in Herborn haben sich bei uns Kollegen gemeldet und berichtet, daß sie ähnliche Schwierigkeiten hatten. Konkret: daß mitten in der Fahrt der Gang einfach nicht mehr zu finden war. Wir wissen auch, daß aber die

Kollegen faktisch dazu verdonnert wurden, den Mund zu halten; konkret also wurde hier ein Maulkorb erlassen. Und deswegen müssen wir jetzt versuchen, die Ursachen zu ergründen. Wir sind der Meinung, daß hier sehr schnell was passieren muß, denn es sind eine Reihe von Fahrzeugen mit diesem System unterwegs, und praktisch jeden Tag erneut kann wieder so ein Unfall passieren.»

Daimler-Benz-Werkstätten hatten Reklamationen aus einer ganzen Reihe Speditionen stillschweigend auf dem Kulanzweg bereinigt, hieß es. Die betreffenden Firmenleitungen und Daimler-Werkstätten dementierten. Auf den Autobahnraststätten hingegen nahmen einige Fahrer kein Blatt vor den Mund.

Elektropneumatische Schaltung von Daimler?

«Ja, wir haben zu Hause auch 'n Wagen in der Art und der ist viel in der Werkstatt, also mehr möchte ich nicht sagen.»

«Die Gänge, die gehen raus, und nachher muß man anhalten, die Gänge wieder frisch einlegen. Das ist sehr gefährlich beim Bergrunterfahren...»

«Wenn ich zum Beispiel im Rückschaltvorgang bin, und ich mache den kleinsten Bedienungsfehler... also da kann ich mir schon vorstellen, daß das ganz schnell passieren kann... Dann kommt es zunächst einmal drauf an, wo befinde ich mich? Befinde ich mich auf ebener Strecke, bin ich also gehalten, das Fahrzeug erst mal zum Stillstand zu bringen und dann gemäß Betriebsanleitung von Daimler-Benz den Vorgang so einzuprogrammieren, wie es dort geschrieben steht. Befinde ich mich aber auf dem Berg mit steilem Gefälle und habe zudem noch eine schwere Last hintendrauf, bis 25 000 Kilo fahren wir ja, dann sieht es schon anders aus, bedenklicher aus. Dann kann ich nur noch bremsen, aber ich kann nur eine gewisse Zeitlang bremsen, dann irgendwann geht mir die Luft weg, und das System funktioniert ja auch nur bei einem Betriebsdruck von mindestens sechs bar. Wir haben acht bar, und zwei sind ganz schnell weg. Und dann wird es schon bedenklich, dann hat man schon, so kann ich mir vorstellen, immense Schwierigkeiten, das Fahrzeug zum Stillstand zu bringen.»

Der Herborner Unglücksfahrer Josef Vogt ist beim Koblenzer Spediteur Hans-Peter-Hartmann angestellt, der mehrere Fahrzeuge mit EPS hat. «Die Fahrzeuge kamen alle im letzten dreiviertel Jahr. Die Probleme, die es mit EPS gab, wurden sofort auf dem

Kulanzwege von Daimler-Benz immer wieder bereinigt... Nach Erfolg der Reparatur wurden die Fahrzeuge wieder den Fahrern übergeben mit dem Hinweis, nun fahrt mal weiter, es ist alles in Ordnung.»

«Können sie einige von den Problemen, die aufgetreten sind, konkretisieren?»

«Bei fast allen Fahrzeugen ging es darum, daß beim Hoch- oder Runterschalten die Fahrer nicht den nächst höheren oder den nächst tieferen Gang einlegen konnten, sondern sich auf einmal in der Leerlaufstellung befanden, und dann war ein weiters Schalten nicht mehr möglich.»

«Was bedeutet das?»

«Die mußten, unabhängig von der Situation, die Fahrzeuge zum Stillstand bringen, Motor aus, Zündung aus, und beim erneuten Betätigen der Zündung funktionierte dann auch auf einmal wieder die Schaltung.»

Der Gedanke an eine solche Situation auf einer Gefällstrecke, mit 36 Tonnen hochexplosivem Treibstoff im Nacken, bereitet Fernfahrern Alpträume. Daimler-Benz versicherte, es habe mit EPS nie Schwierigkeiten gegeben. Nach einer Vorführung auf der werkseigenen Teststrecke bleibt auch der verantwortliche Daimler-Direktor Ernst Göhring zunächst bei dieser Behauptung.

«Wir haben insgesamt über 12 000 solcher Schaltungen, solcher Fahrzeuge mit der elektronisch-pneumatischen Schaltung in Europa in Betrieb und ich kenne keinen einzigen Fall, wo die Mechanik dieser elektronisch-pneumatischen Schaltung versagt hat.»

«Nun haben uns aber Fahrer erzählt, daß es Probleme gegeben hat.»

«Bei jeder Einführung eines neuen Fahrzeuges, eines neuen Getriebes oder irgendeines Teiles gibt es immer Anlaufschwierigkeiten, die lassen sich also nicht beseitigen. Wir haben vorsorglich Elektroniken ganz zu Beginn des Serienanlaufs getauscht. Vorsorglich deshalb, weil bestimmte Temperaturtests nicht hundertprozentig durchgeführt wurden, wobei man auch das verstehen muß, auch der Zulieferant hat natürlich in der Anlaufphase oder kann in der Anlaufphase seine Probleme haben. Das sind also Dinge, die sind normal, und in keinem Fall ist durch diesen Tausch irgendein Fahrzeug in einen kritischen Zustand geraten. Die Elektroniken sind zum Teil auch deshalb getauscht worden, weil die elektromagnetische Verträglichkeit durch bestimmte Dinge, Magnetventile in den Aufliegern, die wir ja natürlich als Fahrzeughersteller nicht in der Hand haben, beeinträchtigt war.»

«Wie erklären Sie es sich aber dann, daß es Störungen offensichtlich auch in den letzten drei Monaten gegeben hat?»

«Es kann sein, daß Fahrzeuge, die nicht mit der letzten Elektronik ausgerüstet worden sind, die also noch die alte Elektronik haben, daß die nicht ausgefallen sind, sondern daß die Anzeige, nur das Display, Störungen angezeigt hat, und dadurch ist es natürlich auch erklärbar, daß auch in den letzten drei Monaten das eine oder andere in die Werkstatt genommen werden mußte, um die Elektronik zu tauschen.»

Daimler hielt es also für normal, Fahrzeuge zu verkaufen, deren Elektronik Anlaufschwierigkeiten hat. Daimler gibt zu, daß es elektromagnetische Störungen gegeben hat, zum Beispiel solche, die von den Magnetventilen in den Aufliegern ausgehen. Ein solcher Tankauflieger eines anderen Kfz-Herstellers war an Josef Vogts Zugmaschine angehängt. Das ist in der Branche üblich. Daimler gibt zu, daß man Elektroniken ausgetauscht hat, weil nicht korrekt getestet wurde. Daimler gibt zu, daß die Abschirmung gegen von außen einwirkende elektromagnetische Felder ein schwacher Punkt der Neuentwicklung war. Der Konzern ging damit auf den Markt und landete, zwei Jahre vor der Konkurrenz, einen Verkaufserfolg.

Vor einer solchen Geschäftspolitik warnte der Leiter der Abteilung Kfz-Elektronik beim Volkswagenwerk, Karsten Ehlers, schon 1986 in der Elektronikzeitschrift *Impulse*. Seine Prognose: «Mit zunehmendem Elektronikanteil im Kraftfahrzeug wird sich das Problem der elektromagnetischen Verträglichkeit potenzieren ... diese Signale, die als Störungen eingestrahlt werden können, können in der Elektronik sogenannte Nutzsignale vortäuschen und dann Reaktionen in der Elektronik auslösen, die wir eigentlich gar nicht wollen.»

Ob es ein solches vorgetäuschtes Nutzsignal war, das von außen kommend Josef Vogts Tankzug auf der Gefällstrecke schalt- und damit bremsunfähig machte, werden die Gerichte entscheiden müssen.

Geprüft wurde die neue Daimler-Serie durch den TÜV Baden. Dort geht es nicht anders zu als unter der Aufsicht anderer TÜV-Vorstände. Vertreter der Industrie achten darauf, daß alles seine Ordnung hat. Wir hätten gern gewußt, wie EPS geprüft wurde.

Nach einer Besprechung zwischen Mitarbeitern des TÜV Baden, der Firma Daimler-Benz und des Bundesverkehrsministeriums verweigerte uns der verantwortliche TÜV-Prüfer die erbetene Auskunft.

Zu einem Interview bereit war zunächst der Ingenieur Gerhard Krause von der Dachorganisation des TÜV in Essen. Einen Tag später mußte er das Interview wieder absagen. Gegenüber Kollegen von Radio Bremen hatte er sich offenbar allzu deutlich geäußert. «Die TÜV führen ja die Typprüfung von allen Kraftfahrzeugen durch, die in den Verkehr kommen. Dieser Lkw-Typ ist natürlich auch zugelassen, aber die Schaltung selbst ist nur sehr oberflächlich begutachtet worden. Einerseits gibt es keine Vorschriften darüber, und zum anderen sind die Hersteller auch etwas reserviert.»

«Müßte das denn nicht jetzt sicherheitstechnisch neu überprüft werden und unter Umständen aus dem Verkehr gezogen werden?»

«Gestern habe ich den Herrn Bundesverkehrsminister, Herrn Warnke, in der außerordentlichen Sitzung des Gefahrgutverkehrsbeirates gebeten, daß er doch die Stellen, die für die Typprüfung zuständig sind, anweisen möge, diese Teile mit in die Begutachtung mit aufzunehmen.»

Bis heute ist diese Zusage des Bundesverkehrsministers nicht eingelöst worden. Doch selbst wenn die TÜV-Ingenieure wollten und dürften: Sie könnten die aufwendigen Prüfungen auf elektromagnetische Verträglichkeit mit eigenen Mitteln überhaupt nicht durchführen. Es gibt solche Prüfmöglichkeiten bisher nur in der Rüstungsindustrie – für Panzer, Flugzeuge und Raketen. Denn die müssen hundertprozentig sicher funktionieren. Das Volkswagenwerk baut – als bisher einziger deutscher Kfz-Hersteller – eine entsprechende aufwendige Anlage, die Kosten liegen bei 25 Millionen Mark.

Trotz aller Anhaltspunkte fanden sich auch in der Folgezeit Staatsanwalt und Sonderkommission nicht bereit, gegen Daimler-Benz zu ermitteln. Der Presse gegenüber gab der Staatsanwalt bekannt, die Bremsen des Aufliegers, die von Daimler-Arbeitern vor unserer Kamera demontiert wurden, seien defekt gewesen. Und dies sei sowohl dem Spediteur wie auch dem Fahrer Vogt bekannt gewesen. Fahrer und Spediteur bestreiten das mit Nachdruck. Eine überraschende Durchsuchung des Spediteurbüros förderte auch nicht den angeblich darüber vorhandenen Aktenvermerk zutage – weil es ihn, laut Spediteur Hartmann, nie gegeben hat.

Der Staatsanwalt beruft sich auf den Hinweis eines ungenannten Informanten. Die Hinweise auf die mangelhafte elektromagnetische Verträglichkeit der Schaltung, die Daimler-Direktor Ernst Göhring uns für eine MONITOR-Sendung vor der Kamera gegeben hat, interessieren ihn offenbar überhaupt nicht. Ein Fernsehzuschauer sprach in einem Brief an den Staatsanwalt von «Strafvereitelung im Amt».

Mittlerweile hat die Firma Daimler das EPS-Getriebe zurückgezogen. Es wird nicht mehr gebaut. Bis April 1988 sind die Gutachten noch nicht veröffentlicht, ist nicht bekannt, wann der Prozeß stattfinden wird.

Die alltägliche Gefahr

Gifttransporte und Arbeitsschutz

«Wenn du an die Ladestelle rangiert hast und die Papiere abgegeben hast, mußt du als erstes auf den Tank. Domdeckel auf und den Schlauch einhängen. Dann mußt du erst mal aufpassen, daß der Schlauch nicht rausfliegt, wenn das Zeug dadurch läuft. Da ist nämlich ein ziemlicher Druck drauf. Und dann atmest du schon mal die erste Lunge voll ein. Egal was das ist. Jedenfalls bei den nicht allzu gefährlichen Sachen. Wenn der Tank voll ist, gehst du wieder rauf, ziehst den Schlauch raus und hängst ihn an die Ladebrücke. Dann hast du den zweiten Atemzug Chemie. Und so geht das eben jedesmal. Ich mach das jetzt seit vierzehn Jahren. Gesundheitsbeschwerden? Na ja, Haarausfall habe ich und oft Magenbeschwerden. Die kommen natürlich auch vom unregelmäßigen Essen und so. Aber auf Dauer ist das doch sicherlich nicht unschädlich. Ich schlucke eben seit vierzehn Jahren immer wieder Chemiedämpfe in mich hinein. Kann mir keiner erzählen, daß das unschädlich ist.»

Die Gefährdung der am Transport gefährlicher chemischer Substanzen beteiligten Fahrer und Produktionsarbeiter ist nicht von der Hand zu weisen. Spezielle Untersuchungen zu diesem Zusammenhang aber gibt es bisher nicht. Anfang 1987 veröffentlichte der DGB allerdings eine allgemeine Untersuchung, derzufolge jährlich über 50 000 bundesdeutsche Arbeitnehmer an einer «zumindest im Sinne einer wesentlichen Teilverursachung» durch Arbeitsstoffe bedingten Krankheit sterben. Neben Krebserkrankungen verweist die Studie vor allem auf Erkrankungen der Atemwege, des Stoffwechselsystems, des Blutbildes und andere chemiebedingte Erkrankungen. Erkrankungen durch gefährliche Arbeitsstoffe seien – so der DGB – eine «Zeitbombe», deren Ergebnisse oft erst nach Jahrzehnten offenkundig würden.[1]

Die Gefahrstoff-Verordnung legt fest, welche Maßnahmen der Arbeitgeber durchzuführen hat, um die Gefährdung durch gefährliche Stoffe zu verhindern.

Die Arbeit mit Chemikalien bedeutet ein besonderes Risiko. Dabei können direkte Schädigungen durch giftige, ätzende oder explosive Stoffe auftreten, es können aber auch allergisierende Hauterkrankungen, Krebserkrankungen oder Schädigungen des Nervensystems auftreten, die nicht sofort erkannt werden. Deshalb legt die Gefahrstoff-Verordnung in der MAK-Liste (MAK = Maximale Arbeitsplatz-Konzentration) entsprechende Grenzwerte fest. Damit werden die Arbeitgeber verpflichtet, die Arbeitnehmer vor arbeitsbedingten Gesundheitsgefahren und die Umwelt vor Schädigungen zu schützen. Die Arbeitgeber in allen Betrieben, in denen mit gefährlichen Substanzen umgegangen wird, sind demnach verpflichtet zur:

– Ermittlung von Gefahrstoffen im Betrieb (§ 16)
– Überwachung von Grenzwerten von Gefahrstoffen im Betrieb (§ 18),
– Verhütung von Gesundheitsschäden durch Gefahrstoffe im Betrieb (§§ 16, 17 und 18),
– Information und Beteiligung der Beschäftigten und der Betriebsräte (§§ 20, 21),
– Beschäftigungsbeschränkungen (§ 26 und Anhang II GefahrstoffVo).

Die Gefahrstoff-Verordnung gilt für jeden Betrieb der chemischen Produktion. Sie gilt genauso für den Transport gefährlicher Substanzen. § 21 Absatz 5 schränkt allerdings ein: «Unterrichtungs- und Beteiligungspflichten gegenüber dem Betriebs- und Personalrat sowie den Arbeitnehmern bestehen nur insoweit, als die betroffenen Arbeitnehmer Arbeitnehmer oder Beschäftigte im Sinne des Betriebsverfassungsgesetzes oder der Personalvertretungsgesetze sind.»

Im Klartext: die Gefährdungen der Fahrer der Gefahrgut-Transporte interessieren niemanden. Und selbst wenn man einmal davon ausgeht, daß die Speditionen für die Fahrer die Verpflichtung zur Unterrichtung und Gefahrenabwehr haben, gilt dies nur für die beschäftigten Fahrer. Es gilt auf keinen Fall für die Subunternehmer. Die werden von niemandem unterrichtet, müssen für sich selbst sorgen.

Wie dies geschehen soll, wird durch die GGVS festgelegt. Sie bestimmt, welche Verantwortlichkeiten und Pflichten jeder am Transportablauf Beteiligte hat. Der Verlader, das ist derjenige, der unmittelbar das Gefahrgut zur Beförderung an den Beförderer (also den Transportunternehmer oder den Fahrer) übergibt, muß den Fahrer auf das Gefahrgut und dessen Kennzeichnung hinweisen (lt. § 9 Abs. 2 GGVS). Der Fahrer wiederum hat folgende Verpflichtungen:

Der Fahrer muß:

- die Beförderungspapiere... mitführen und auf Verlangen der Polizei und anderer zuständiger Personen zur Prüfung vorzeigen...,
- die vorgeschriebenen Unfallmerkblätter an den vorgeschriebenen Stellen (das heißt hinter den Warntafeln) während der Beförderung mitführen...,
- bei Gefahr die in den Unfallmerkblättern aufgeführten erforderlichen Maßnahmen treffen...,
- Ausrüstungsgegenstände (zum Beispiel Feuerlöscher, Warnleuchten, Schutzausrüstung) zur Prüfung vorzeigen oder aushändigen...,
- die Warntafeln anbringen, entfernen oder verdecken...

In der Praxis sieht das folgendermaßen aus:

Das Wichtigste beim Beladen sind die Papiere. Die bekommt der Lademeister, der dann die entsprechende Menge des Stoffes in der Füllanlage einstellt, z. B. 25000 Liter. Mit den Papieren drückt er dem Fahrer zum Schluß des Ladevorgangs auch ein Unfallmerkblatt in die Hand. Jeder Fahrer ist verpflichtet, sich dieses Unfallmerkblatt durchzulesen. In der Praxis geschieht das aber nur selten. Jeder Fahrer ist froh, wenn er seinen allgemeinen Papierkram fertig bekommt. Frachtpapiere, Fahrtenbuch ausfüllen, evtl. Tachoscheibe wechseln, evtl. noch firmeninterne Papiere ausfüllen. Na gut, und wenn ich wirklich die Zeit finde, das Unfallmerkblatt zu lesen?

Was weiß ich dann? Zunächst, daß ich die Zahlen 80/1824 stecken muß. Und daß diese Natronlauge ätzend ist. Dann steht da als besonderer Hinweis: Vorsicht Rutschgefahr! – Also muß ich aufpassen, daß ich nicht hinfalle, wenn der Tank ausläuft. Gut. Immerhin findet sich auch der Hinweis: «Reagiert außerordentlich heftig mit Leichtmetallen (z. B. Aluminium und Zink) unter Wasserstoffentwicklung – Explosionsgefahr!» Doch was hilft mir das alles bei einem Unfall? Was soll ich dann tun, wie soll ich mich verhalten?

Der Fahrer ist für die ordnungsgemäße Durchführung des Transports verantwortlich. Er hat unter anderem die Pflicht, die Ladung sachgemäß zu sichern, er muß darauf achten, daß die vorgeschriebenen Beförderungspapiere mitgeführt werden und er muß das Fahrzeug überwachen. «Fahrzeuge mit gefährlichen Gütern, für die die Freigrenze unter 1000 kg liegt, sind stets zu überwachen, um böswillige Handlungen zu verhindern und die Polizei sowie den Fahrzeugführer – falls er das Fahrzeug nicht selbst bewacht – zu verständigen, falls gefährliche Güter verlorengehen oder ein Brand ausbricht...

Fahrzeuge mit gefährlichen Gütern, für welche die Freigrenze 1000 kg oder mehr beträgt, sind ebenfalls zu überwachen.»[2]

Wie soll ein Alleinfahrer aber gewährleisten, daß das Fahrzeug jederzeit bewacht ist. Eigentlich darf er an keiner Raststätte, an keinem Parkplatz den Wagen verlassen. In der Realität aber stehen auf den Parkplätzen unzählige Lastzüge mit den gefährlichsten Stoffen unbeaufsichtigt herum.

Der Düsseldorfer *Express* meldete am 19. Mai 1987 unter der Überschrift «Spielende Kinder zwischen Gift-Lastern»:

«Hochbrisante Fracht auf dem SVG-Autohof an der Oerschbachstraße in Reisholz. Eine ganze Tankerflotte mit extrem gefährlicher Ladung – Giftlaster an Giftlaster. Kein Fahrer, keine Wache, kein Zaun. Dafür aber spielende Kinder, dazwischen: Lebensgefahr! Die Gefahrenkennzeichen der Tanker beweisen: giftig, ätzend, explosiv, brennbar. Ungesichert und für jedermann zugänglich.

Edgar Faure vom Umweltschutzamt: ‹Das haben wir überhaupt nicht gewußt. Ich werde ohne jede Verzögerung die Überwachungsbehörden einschalten.› Wilhelm Werth, Chef der Staatlichen Gewerbeaufsicht: ‹Wußten wir auch nicht. Ich werde unsere Gefahrengut-Experten rausschicken.›

Gefahrengut-Experte Dr. Zislack von der Bundesanstalt für Güterfernverkehr: ‹Je nach Ladung dürfen die Tanker überhaupt nicht verlassen werden.› Doch niemand kümmert sich darum.

Die Ladung der Tanker: Salz- und Schwefelsäure, Superbenzin, giftige Chemikalien. Für die schlimmsten gelten sogar Streckenverbote, Doppelbesatzung. Und wehe, es tropft einmal: Die Entwässerung des Platzes führt direkt in den Hoxbach...»

Wie wenig die bestehenden Vorschriften in der Lage sind, Fahrer und Bevölkerung wirksam vor gefährlicher Ladung zu schützen, soll hier an zwei Beispielen verdeutlicht werden.

Fall 3: **Jürgen L. und Arsenwasserstoff**

Im Juli 1987 bekommt der 29jährige Jürgen L. aus Köln den Auftrag, im Nieler Hafen vier Flaschen abzuholen. Jürgen L. hat sich vor zwei Monaten einen Kleinlaster gekauft und sich als Subunternehmer selbständig gemacht. Er arbeitet für einen Express- und Kurierdienst. Im Nieler Hafen fährt er bei der benannten Adresse an die Rampe. Er kennt die Firma, hat schon des öfteren dort Fracht abgeholt. Neben Videorekordern, Kartons und Kisten stehen die vier großen Stahlflaschen schon bereit. Sie sind etwa einen Meter groß, wie große Sauerstoffflaschen, die man vom Schweißen kennt. Der Disponent hatte Jürgen L. gesagt: «Vier leere Flaschen nach Regensburg.» Er bekommt vom Lagermeister die Papiere, unterschreibt den ordnungsgemäßen Empfang. Mit einem Seil befestigt er die Stahlflaschen, damit sie beim Fahren nicht durcheinanderfliegen. Dann geht's los. Die Ladung soll nach Regensburg zu einem großen Werk, das unter anderem Mikrochips für die Computerindustrie herstellt. Unterwegs bemerkt Jürgen L. starken Knoblauchgeruch. Er raucht noch mehr als gewöhnlich, um den Geruch zu vertreiben. Es ist ein heißer Tag. Bei Nürnberg gerät er in einem Stau. Bei hochsommerlicher Hitze fährt er über eine Stunde nur im Schrittempo.

Kurz vor Feierabend kommt er im Werk in Regensburg an. Der Pförtner weist ihm zunächst noch einen falschen Weg im Werk, aber nachdem er noch jemanden fragt, ist er endlich an der richtigen Stelle. Zwei Angestellte nehmen die Flaschen in Empfang und bringen sie in einen kleinen Lagerraum, der mit einer Eisentür verschlossen ist. Jürgen L. fährt weiter nach München. Dort soll er am nächsten Morgen neue Ladung bekommen. Unterwegs wird ihm schlecht. Unwohlsein und Schwindelgefühle halten auch während der Nacht an, die er bei Bekannten verbringt. Am nächsten Morgen wird das noch schlimmer. Am Rand von München, noch bevor er seine neue Ladung aufnehmen kann, fährt er an eine Tankstelle heran, weil ihm so schlecht ist, daß er nicht weiterfahren kann. An der Tankstelle bricht er zusammen, Blut läuft ihm aus der Nase.

Der Tankwart bringt ihn zum nächst gelegenen Krankenhaus. Dort behandelt man ihn auf Grund der Symptome auf Gelbsucht. Erst anderthalb Tage später kommt Jürgen L. auf den Gedanken, daß vielleicht seine Ladung etwas mit seiner Erkrankung zu tun haben könnte. Und richtig: in den Ladepapieren steht, daß die Flaschen keineswegs leer waren, wie man ihm gesagt hatte, sondern das hochgiftige und explosive Arsin enthielten. Jürgen L. wird auf die Toxikologie verlegt. Polizei und Feuerwehr werden alarmiert, sie sichern den Lieferwagen und das Lager in Regensburg. Dort stellt man fest, daß eine der vier Flaschen leer ist. Resümee der Geschichte: Keiner kann sich erklären, wieso die Flasche leer ist. Jeder wälzt die Verantwortung auf den anderen ab. Die Spedition behauptet, sie habe Jürgen L. ordnungsgemäß informiert (er habe schließlich die «ordnungsgemäße Übernahme der Ladung» unterschrieben). Der Dumme ist Jürgen L.: Er hat einige Wochen im Krankenhaus gelegen und in dieser Zeit keinerlei Verdienst. Jeder Chemiker weiß, daß Arsenwasserstoff nach Knoblauch riecht. Wenn diese Information jedem Fahrer weitergegeben würde, wäre Jürgen L. das nicht passiert. Arsenwasserstoff ist ein «sehr giftiges, hochentzündliches Gas, das schwerer als Luft ist... und durch heiße Oberflächen, Funken, offene Flammen gezündet werden kann... Beim Menschen 250 ppm nach 30 Min. tödlich.» (Merkblatt Nr. 10 Umweltbundesamt)

Und noch einen eklatanten Mangel zeigt der Fall:

Arsenwasserstoff durfte in der Menge von 960 kg ohne jegliche Kennzeichnung transportiert werden! Und das, obwohl Arsenwasserstoff ein hochgefährlicher Stoff ist. Das «Handbuch Stoffdaten zur Störfall-Verordnung» führt im Anhang II Arsenwasserstoff (Arsin) in der Liste der 100 gefährlichsten Stoffe auf!

Sicherlich: Jürgen L. hat einen Fehler gemacht. Er hätte dem Disponenten nicht glauben dürfen, hätte sich selbst in den Ladepapieren vergewissern müssen, was er da eigentlich durch die Lande fährt. Doch woher sollte er überhaupt Verdacht schöpfen? Weder der Spediteur noch der Lagermeister haben ihn auf irgendeine Gefahr aufmerksam gemacht.

Nicht nur Subunternehmern können solche Überraschungen mit der Ladung passieren – auch Angestellten bei einer großen Spedition. Eine kurze Zeit habe ich als Fahrer für einen Hausspediteur der

BAYER-Werke gefahren. Immer zwischen den Werken Leverkusen und Dormagen hin und her. Vier Touren am Tag. Täglich ca. 40000 Liter. Meine Ladung: «Cyanoxim», ein Vorprodukt für Pflanzenschutzmittel, die sogenannten Pestizide. Das Cyanoxim wurde vom Werk nicht als Gefahrgut ausgewiesen. Deshalb brauchte mein Tankzug auch keine Gefahrgut-Ausrüstung und keine Gefahrgut-Kennzeichnung. Es war eben ein «ungefährliches» Produkt. In Gesprächen mit Arbeitern im Werk aber erfuhr ich bald, daß das Zeug doch nicht so ungefährlich sein konnte, wie es offiziell hieß. Die Arbeiter an der Ladestelle gingen damit recht vorsichtig um. «Man muß aufpassen, daß es nicht in die Augen kommt. Sehr gefährlich wird das erst, wenn man es auf über 75 Grad erhitzt. Dann entsteht Blausäure.» – «Und was ist, wenn da mal etwas überläuft?» – «Dann müssen wir die Werksfeuerwehr holen, die baggert dann hier alles aus.»

Nach dem Beladen müssen die Fahrer noch zur Probeentnahme. Von jeder Ladung wird eine Probe gezogen und kontrolliert, ob das, was im Tank drin sein soll, auch wirklich drin ist. Eine solche Analyse wird dann auch eine halbe Stunde später bei der Ankunft im Werk Dormagen gemacht. Eigentlich müssen die Kollegen dort dann ebenfalls wieder eine Probe entnehmen. Das wird aber meist vereinfacht, indem ich vom Werk Leverkusen eine kleine Flasche mit einer Probe der Ladung mitnehme und in Dormagen abliefere. Bei dieser Gelegenheit entnehme ich eine kleine Probe für mich. Ich will die Ladung selber analysieren lassen.

KATALYSE
Institut für angewandte Umweltforschung
Engelbertstr. 41
5000 Köln 1

Untersuchungsbericht   Köln, den 11.12.1986

Untersuchung einer Probe Cyanoxim auf mögliche Ausgasung von Cyaniden:

Untersuchungsmethode:
Die Probe wurde mit Wasser versetzt und im Wasserbad erhitzt. Die entweichenden Gase wurden in einem alkalisierten Gäraufsatz durch die Absorptionsflüssigkeit (0,1n Natronlauge) durchgeleitet, die auf Cyanide untersucht wurde. Bei Versetzen mit Wasser konnten keine Cyanide nachgewiesen werden.

Bei Zugabe von Salpetersäure/Wasser zum Cyanoxim und Erhitzen auf dem Wasserbad konnte entweichender Cyanwasserstoff aufgefangen werden. Der Nachweis erfolgte mit Silbernitrat in saurer Lösung und durch Bildung von Berliner Blau.

Bewertung: Bei einer Kombination ungünstiger Umstände, d. h. bei Zusammentreffen des Cyanoxims mit Säure und gleichzeitiger Erwärmung entsteht Cyanwasserstoff (Blausäure), die hochgiftig ist. $100-200\,mg/m^3$ Atemluft wirken innerhalb einer halben bis einer Stunde tödlich, durch Stillegung aller Zellatmungsvorgänge.

gez. Dr. H. U. Krieg (Dipl.-Chemiker)

Ein solches Zusammentreffen von Säure und Cyanoxim ist etwa bei einem schweren Verkehrsunfall denkbar. Kommt dann noch ein Brand hinzu, ist plötzlich tödliches Giftgas in der Luft. Doch niemand weiß etwas davon, auch nicht der Fahrer. Denn für Hersteller und Industrie gilt das Produkt nicht als Gefahrgut. Warnhinweise, Gefahrgut-Kennzeichnung und Sicherheitsvorkehrungen beim Transport sind deshalb überflüssig.

«Störfälle» bei der Tankreinigung

Gefahrgut-Tanks müssen nach jedem Transport gereinigt werden, wenn ein neues Produkt geladen werden soll. Nur so ist gewährleistet, daß verschiedene chemische Stoffe nicht miteinander in gefährlicher Weise reagieren. Natronlauge und Salzsäure gehören zu den am häufigsten transportierten chemischen Substanzen, die von den selben Tankwagen nacheinander befördert werden. Treffen sie zusammen, so gibt es eine Explosion. Deshalb muß darauf geachtet werden, daß die Tanks restlos gesäubert sind. Wenn es ordnungsgemäß gemacht werden soll, geschieht das in den Tankreinigungen. Bei manchen Produkten genügt eine einfache Reinigung mit kaltem oder heißem Wasser, oft werden Lösungsmittel dazugegeben. Andere Produkte verlangen stundenlange Reinigungen mit chemischen Lösungsmitteln.

Die großen Tankspeditionen unterhalten eigene Reinigungen (auch Spülanlagen genannt), die meist in der Nähe der Zentren der Chemieindustrie und an den Speditionsstandorten gelegen sind. So hat die große Tankspedition HOYER beispielsweise Reinigungen in Hamburg, Neuß, Mannheim, Rotterdam (Niederlande), Ligornetto (Schweiz), Rouen (Frankreich) und Antwerpen (Belgien). Dort werden nicht nur die firmeneigenen Tankzüge gereinigt, auch Fremdfirmen können dort «spülen» lassen. Neben diesen großen Reinigungen aber gibt es auch kleinere «Spülanlagen», die man manchmal sogar auf den Hinterhöfen der Speditionen findet. Ein Schlauch und ein Gulli, der die Abwässer in die Kanalisation spült. Mehr nicht. In den Reinigungen fließen Tag für Tag Tausende von Litern Produktreste und Lösungsmittel mit einer Unmenge heißem Wasser zusammen. Bei den größeren Reinigungen in eine Kläranlage, bei den kleinen wohl meistens nur in die Kanalisation.

Zahlen darüber, was da täglich in der Kanalisation landet, gibt es nicht. Wir haben einmal registriert, welche Stoffe an einem zufällig ausgewählten Tag in einer größeren Tankreinigung gereinigt wurden. Täglich werden hier zwischen 70 und 90 Tankzüge gespült. Da kommen alle möglichen Substanzen zusammen, gefährliche und nicht gefährliche. Die Rückstände und die für die Reinigung benötigten Lösungsmittel laufen zusammen in die Kläranlage. An dem von uns gewählten Tag kamen Tankwagen mit:

Epoxidharz, Latex, Kreide, Frostschutzmittel, Lösungsmittel, Essigsäure, Glukose, Kupferätzlösung, Dispersion, Farbbindemittel, Tierkörper- und Knochenfett, Sojaöl, Fruchtsaft, Spritzlack, Additive, Desmophen, Schwefelsäure, Tallharz, Natronlauge, Salzsäure, Acronal, Wasserglas, Polyester, Silocon, Eisentrichlorid.

Soweit die Zusammenstellung einer Reinigung an einem beliebigen Tag. Neben wirklich ungefährlichen Substanzen finden sich Säuren und ätzende Lösungen oder auch Epoxidharz, bei dem Explosionsgefahr besteht, wenn es mit Aminen zusammentrifft, zum Beispiel mit Anilin. Zudem sind auch wassergefährdende Stoffe dabei, und bei den Lösemitteln sind mit einiger Sicherheit auch chlorierte Kohlenwasserstoffe enthalten, die in den Kläranlagen nicht herauszufiltern sind.

Aber es gibt noch andere «Reinigungs»-Probleme: Beim Entladen bleiben manchmal Restmengen im Tank. Bei verschiedenen Stoffen, die nicht abgepumpt, sondern unter Druck vom Tankwagen in einen anderen Tank «gedrückt» werden, muß man das Ventil schließen, bevor der letzte Rest des Produkts rausgedrückt ist, denn sonst pumpt man nur Luft in den Tank. Das kann böse Folgen haben. Also schaltet man kurz vor Ende ab. Dann aber bleiben Restmengen im Tank. Manchmal sind das auch ein paar hundert Liter. Wohin damit? Die Reinigungsanlagen nehmen solche Restmengen nur an, wenn man dafür bezahlt. Deshalb suchen viele Fahrer andere Möglichkeiten. In manchen Firmen gibt es Auffangwannen neben der Produktion, wo man solche Restmengen ablassen darf. Offiziell fließen die in eine Kläranlage. Intern aber hört man oft von Fällen, in denen die Kläranlagen voll ausgelastet sind. Dann muß man die Reste eben auf andere Weise loswerden. Und irgendwelche Gullis und Ablässe finden sich eigentlich immer – trotz aller Werkskontrollen.

Von einem besonders eklatanten Beispiel für diese meist ungeahnte «Entsorgungs»-Praxis berichtete am 27./28. Mai 1987 der *Mannheimer Morgen*:

«Schauplatz Schwetzingerstadt am Montagabend zwischen 18.30 Uhr und 20 Uhr. Aus den Gullys quellen giftige Dämpfe, ätzender Geruch breitet sich in Windeseile aus, Gift kriecht durch die Straßen und in die Häuser. An der Ecke Keplerstr./Schwetzingerstr.

kippen Passanten um, Gäste in den umliegenden Lokalen erbrechen sich, klagen über Atembeschwerden und Brennen in den Augen. Polizei und Feuerwehr rücken mit Atemschutzmasken an, über Megaphon werden alle Bewohner aufgerufen, sofort Türen und Fenster dicht zu machen, gefährliches Äthylacrylat, hochexplosiv und ätzend, vagabundiere nach einem Chemieunfall auf der Rheinaue durch die Luft. In kurzer Zeit sind Schwetzingerstadt und die umliegenden Gebiete wie ausgestorben. ‹Der Tag danach› könnte ähnlich aussehen: leere Gassen, nur noch wenige Männer mit gespenstischen Schutzrüsseln geistern durch die Gegend. Was war geschehen?...

Auf dem Betriebsgelände der Speditionsfirma Becker, einem Subunternehmer der Transportfirma HOYER, hatte der 48jährige Fahrer eines HOYER-Tanklastzuges offenbar kurz vor 16 Uhr sein Fahrzeug, das zuvor die hochgiftige Substanz geladen hatte, abgespritzt und ausgespült, obwohl die Firma Becker für diese gefährliche Operation keine Genehmigung besitzt und technisch dafür in keiner Weise ausgerüstet ist. Für derlei Aktionen, die eine spezielle Waschanlage erfordern, hätte er nach Ludwigshafen zur Firma Bartels fahren müssen. Doch offenbar aus Bequemlichkeit kippte er kurz vor Feierabend die Tankreste einfach in den Gully, wohl in der Hoffnung, daß diese billige Art der Entsorgung schon nicht ruchbar werde. Und, so gab er gestern zu Protokoll, weil's Brauch gewesen sei bei der Firma Becker, seit drei Jahren...

Die Hände in Unschuld wäscht sich einstweilen das Speditionsunternehmen HOYER, das die Firma Becker als Subunternehmer beschäftigte... der Fahrer habe Weisung gehabt, das Fahrzeug bei der Ludwigshafener Spezialfirma Bartels reinigen zu lassen... Auch im Hause Becker ist man sich keiner Mitschuld bewußt, obwohl ja der Fahrer angab, derartige Reinigungen seien die seit drei Jahren übliche Praxis gewesen.»

Von einem anderen haarstreubenden «Entsorgungsfall» berichtete ein Tankwagenfahrer in einem Brief an die ÖTV:

«Ich bin zur Zeit bei der Firma X beschäftigt, die in überwiegendem Maße grenzüberschreitende Transporte mit Tankzügen nach Frankreich, Spanien, Portugal und Skandinavien durchführt... Von mir und meinen Kollegen werden Produkte deutscher Chemiekonzerne unter anderem nach Spanien und Portugal gefahren. Die Tanks werden am Empfangsort mit primitiven Mitteln gereinigt, die Reste aus den Kesseln werden in die jeweiligen Flüsse oder Bäche abgelassen oder jeweilig vor Ort im Auftrag des Chefs in die Erde versickert. Dadurch sind meiner Auffassung nach große Umweltschäden entstanden, nur um Rückladung aufnehmen zu können. Die Rückladung besteht aus tierischen, pflanzlichen oder chemischen Produkten. Auf meinen Hinweis hin, daß dies umweltfeindlich wäre, wurde mir dargelegt, es hätte mich überhaupt nicht zu interessieren. Auf meinen Hinweis hin, daß bei einem Transport von Spanien nach Deutschland mit einem umweltschädlichen Produkt (Trichlorethylene) der Tank undicht war, wurde dies mit dem Hinweis abgetan, er würde bei nächster Gelegenheit repariert. Auf dem Transport von Spanien nach Deutschland wurden somit Unmengen von Giftstoffen in die Landschaft verstreut.»[3]

Solche Aktionen sind, wie gesagt, keine Seltenheit. Selten genug aber gelangen sie an die Öffentlichkeit. Denn welche Firma schwärzt in solchen Fällen schon ihre Fahrer an, und wann wagt es ein Fahrer, gegen die eigene Firma vorzugehen? Und wo kein Kläger, da kein Richter.

Sondermüll – Das besondere Problem

Kiel, 2. Juni 1987

«Unternehmen aus Hamburg und Schleswig-Holstein sollen jahrelang als Bauschutt getarnten Sondermüll in Kiesgruben des Hamburger Umlandes abgelagert haben ... das Kieler NDR-Magazin berichtete am Montag über mehrere Umschlagplätze in Hamburg und Norderstedt (Kreis Segeberg), auf denen im großen Maßstab auch für die DDR-Deponie Schönberg bestimmter Sondermüll mit Erdaushub und Bauschutt vermischt oder lediglich abgedeckt worden sei. Für diesen als ‹gereinigten Bauschutt› deklarierten Aball würden in Schleswig-Holstein keine Sonderabfallgenehmigungen benötigt.»

Eine Meldung aus der Tagespresse, die hier für viele steht. Die Beseitigung von Sondermüll ist im Bereich des Transports gefährlicher Güter ein besonders heikles Problem. Es geht dabei um sämtliche Abfälle, die nach ihrer Art, Beschaffenheit oder Menge in besonderem Maße gesundheits-, luft- oder wassergefährdend, explosiv, brennbar oder radioaktiv sind oder Erreger übertragbarer Krankheiten enthalten oder hervorbringen können.

Industrie und Gewerbe produzieren jährlich über 200 Millionen Tonnen Abfälle, darunter mehrere Millionen Tonnen Sondermüll. Ein Großteil dieses Abfallaufkommens entfällt auf Bodenaushub und Bauschutt; im Jahre 1982 waren dies 126 Millionen Tonnen. Die restlichen 68 Millionen Tonnen verteilten sich auf die unterschiedlichsten Produktreste. Einen Überblick gibt die Tabelle auf der folgenden Seite[4]. 25 Millionen Tonnen aus diesem Abfallaufkommen wurden wieder dem Wirtschaftskreislauf zugeführt.

Es ist schwer, genaue Zahlen zu bekommen über die anfallenden Sondermüllmengen. Nach Zahlen der Industrie sind es 2,4 Millionen Tonnen pro Jahr, andere Schätzungen liegen weit höher. So schätzt der Bundesverband Bürgerinitiativen Umweltschutz die Gesamtmenge auf jährlich 4,8 Millionen Tonnen.[5] Zum Sondermüll zählen zum Beispiel cyanid-, chrom- oder cadmiumhaltige Galvanikschlämme aus der Metallindustrie, Lack- und Farbschlämme aus der

Abfallart	Millionen Tonnen
Aschen, Schlacken, Ruß (davon 8 Millionen Tonnen aus der Elektrizitäts-, Gas-, Fernwärme- und Wasserversorgung)	11,0
Formsand, Kernsand, Stäube	7,8
Asche, Schlacke, Ruß aus Verbrennungen	11,0
Metallabfälle	5,4
Säuren, Laugen, Schlämme, Laborabfälle, Chemikalienreste, Detergentien	6,4
Lösungsmittel, Farben	0,5
Lacke, Klebstoffe	1,3
Schlämme mit Abwasserreinigung	11,0
Kunststoff-, Gummi-, Textilabfälle	1,0
Papier- und Pappabfälle	1,1

Angaben für 1982

Chemieindustrie, Abfälle von Pflanzenbehandlungsmitteln, halogenhaltige organische Lösungsmittel, mit Dioxinen verunreinigte Stoffe oder der sattsam bekannte Problemstoff Altöl. Die zunehmende Produktion von Sondermüll schafft große Probleme, die unsere Gesellschaft in Zukunft noch sehr beschäftigen werden, denn das Deponievolumen in der BRD reicht nur noch für zehn bis fünfzehn Jahre. In der Untertagedeponie Herfa-Neurode etwa können noch für die nächsten zehn Jahre 40 000 Tonnen im Jahr deponiert werden.

Unmengen von Sondermüll werden durch die Lande gekarrt, ein Großteil geht auf Deponien im Ausland. Im Jahre 1983 gestaltete sich dieser «Sondermülltourismus» wie folgt[6]:

BRD–Belgien	917 000 t	retour	1 600 t
BRD–DDR	345 000 t	retour	–
BRD–Frankreich	21 000 t	retour	4 900 t
BRD–Schweiz	11 000 t	retour	10 900 t
insgesamt	**1 294 000 t**		**retour 17 400 t**

Glaubt man den Angaben der Industrie zum gesamten Sondermüllaufkommen in der Bundesrepublik, so wird also etwa die Hälfte dieses Mülls ins Ausland geschafft. Es muß davon ausgegangen werden, daß der größte Teil davon auf der Straße transportiert wird.

Die Organisation für wirtschaftliche Zusammenarbeit und Entwicklung (OECD) veröffentlichte 1985 ein Grundlagenpapier, demzufolge «in den westeuropäischen Staaten allein... das Jahresaufkommen an gefährlichen Industrieabfällen auf 20 bis 24 Millionen Tonnen geschätzt wird. Etwa ein Zehntel davon wird zur Entsorgung oder Wiederverwertung alljährlich in rund 100000 Einzeltransporten über die Grenzen hinweg in andere Länder verschoben. Für diesen ‹Giftmülltourismus› gibt es verschiedene Gründe. Meist ist es das Fehlen geeigneter Endlagerungs-, Vernichtungs- oder Wiederaufbereitungsmöglichkeiten im eigenen Land. Oft geben auch die Strenge oder Weitmaschigkeit der Entsorgungsvorschriften in den verschiedenen Ländern und die daraus sich ergebenden Kostenunterschiede den Ausschlag bei der Entscheidung für das Abschieben von Giftmüll über die Grenzen hinweg.»[7]

In den siebziger Jahren wurde eine Reihe von Skandalen bekannt, in denen höchstgefährliche Sonderabfälle auf normalen Müllkippen gelandet waren. So waren beispielsweise 3360 Tonnen Kalkschlamm mit zehnprozentigem Arsen- und elfprozentigem Bleigehalt, Abfallprodukte der Zinkhütte Nievenheim, nicht, wie vereinbart, zur Endlagerung in ein stillgelegtes Salzbergwerk in Niedersachen gebracht, sondern auf neunzehn offenen Müllkippen im Großraum Neuß abgeladen worden. Dieser Skandal blieb nicht der einzige, und die Öffentlichkeit wurde auf die Probleme der Sondermüllablagerungen aufmerksam. Die Suche nach neuen Sondermülldeponien wurde damit immer schwieriger. Denn nach dem Bekanntwerden der schweren Gefährdungen der Bevölkerung wollte und will auch heute niemand mehr eine solche Deponie in seiner Nachbarschaft haben.

In zunehmendem Maße wurde der Sondermüll nun auch über weite Entfernungen auf der Straße transportiert. Das Wort vom «Giftmülltourismus» machte die Runde. Besonders spektakulär wurde im Frühjahr 1983 die Suche nach den verschwundenen 41 Fässern mit hochgiftigen Abfällen der Dioxin-Katastrophe in Seveso, die von Behörden und Medien in ganz Europa gesucht wurden. Irgendwo auf dem Transport von Italien nach Frankreich waren die Fässer verschwunden und wurden schließlich im Schuppen eines verlassenen Schlachthofs wiederentdeckt. Dieses Problem unterwegs «verschwundener» Sonderabfälle taucht immer wieder auf.

Eine nicht veröffentlichte Untersuchung des Umweltbundesamtes, die den GRÜNEN zugespielt und bekannt gemacht wurde, gibt Aufschluß über die erschreckenden Dimensionen des «Giftmüllnotstandes» in der Bundesrepublik. Laut dieser Untersuchung – so berichtete die *taz* –

«gab es allein 1983 im ‹überwachten Bereich› 4,87 Millionen Tonnen Sondermüll der Gift-Höchststufen drei und vier – 49% davon aus Nordrhein-Westfalen. Niedersachsen (12,2) und Hamburg (10,4) folgen mit weitem Abstand. Mit 58,8 Prozent fällt der größte Anteil in der chemischen Industrie an. Hinzu kommen noch die nicht erfaßten Mengen, die in betriebseigenen Anlagen beseitigt werden.

Die Grünen erklärten, mehr als drei Viertel aller Sonderabfälle würden definitiv unsicher beseitigt, sei es im Ausland, auf Hausmülldeponien, durch Verklappung auf See oder an einem unbekannten Entsorgungsort. ‹Unbefriedigend bleibt›, kritisiert die Studie zudem, ‹die äußerst große Abfallmenge, bei der die Beseitigungsart unbekannt ist.› Das gelte für rund 1,1 Millionen Tonnen. Ferner sei häufig unbekannt, um welche Art von Abfall es sich handele und wo genau er entsorgt werde.»[8]

Dabei gibt es für die Beseitigung von Sonderabfall durchaus rechtliche Bestimmungen, die den ordnungsgemäßen Ablauf regeln sollen. Voraussetzung für die Erteilung einer Beförderungsgenehmigung für Sonderabfälle ist der Nachweis darüber, daß «die geordnete Beseitigung» sichergestellt ist. In der Praxis wird dies durch das sogenannte «Begleitscheinverfahren» sichergestellt. An die Entsorgung sind besondere Anforderungen gestellt:

– Der Erzeuger muß den Problemabfall der Aufsichtsbehörde melden,
– die Abfälle dürfen nur von bestimmten Transportunternehmen, die eine spezielle Genehmigung dafür besitzen, eingesammelt und transportiert werden,
– das sogenannte Abfallbegleitscheinverfahren soll eine lückenlose Kontrolle über Herkunft und Verbleib aller Sonderabfälle durch Belege und Nachweisbücher ermöglichen.

Solche Nachweisbücher müssen die
– Erzeuger von Sonderabfällen,
– die Einsammler und Beförderer und
– die Betreiber von Abfallbeseitigungsanlagen führen.

«Nachweisführung bedeutet konkret, daß bei jeder Weitergabe von Abfällen ein Satz von Begleitscheinen (sechs Blätter) über die Abfallart, Konsistenz und Abfallmenge auszufüllen und weiterzuleiten ist. Der Erzeuger hat bei Weitergabe des Abfalls an einen Transporteur die Ausfertigung Nr. 2 (rosa) des Begleitscheinsatzes an die zuständige Überwachungsbehörde zu leiten; Nr. 4 (blau), vom Transporteur an den Beseitiger gelangt, ist vom Beseitiger zu unterschreiben und an die Behörde zu senden.»[9]

Das Problem des Begleitscheinverfahrens aber ist wie überall beim Transport gefährlicher Güter die Kontrolle: «Die Mengen auf den Begleitscheinen stimmen rein rechnerisch immer. Aber was in welcher Form drin ist oder welcher Schutz unterwegs ‹verloren› wurde und wovon dann noch 'n bißchen wieder reingenommen wurde (war ja noch genug Platz drin) – darauf kommt's doch an.» (Aussage eines Beschäftigten in der Giftmüllbranche).[10]

Häufig wird Sonderabfall nicht zutreffend deklariert. Teilweise wissen die Firmen selber nicht genau, um welche chemischen Stoffe und Verbindungen es sich handelt. So werden etwa allgemeine Produktionsrückstände oft nicht im einzelnen analysiert und dann einfach unter allgemein gehaltenen Sammelbezeichnungen weggeschafft (zum Beispiel X, Y oder Z-haltige Lösung).

Fall 4: BASF und Methanol-Kresol

Seit 1982 fährt fast wöchentlich ein Tankwagen der Firma Gareg in Hamburg im Auftrag der Fa. BASF-Hamburg Sondermüll zum BASF-Werk in Münster. Dort wird der Müll verbrannt. In den Ladepapieren steht ganz allgemein: ca. 22 000 Liter «methanol- und kresolhaltiges Destillat. Gefahren: ätzend, giftig, brennbar (Flammpunkt unter 21 Grad).» Methanol ist brennbar und explosiv, Kresol giftig. Mehr ist über die Ladung nicht zu erfahren. Der Tankwagen ist mit einem «A» für Abfall und einfachen orangenen Schildern ohne Gefahr- oder Stoffnummern gekennzeichnet. Die Fahrer haben keinen Führerschein für die Klass 6 = giftig.

Nachmittags, 16 Uhr. Der Tankwagen rollt aus dem BASF-Werk im Süden Hamburgs. Quer durch die Innenstadt fährt der Wagen zum Hof der Transportfirma. Erst am nächsten Morgen um sechs Uhr geht die Fahrt weiter. Wieder durch die Innenstadt zurück in den Süden. Nur 100 Meter vom Hamburger BASF-Werk entfernt machen die Fahrer ihre Frühstückspause in einem kleinen Imbiß. Der Tankzug steht unbewacht in einer Nebenstraße. Wir nutzen die Gelegenheit. Ich ziehe meine giftgrünen Gummihandschuhe über, gehe zum Tankwagen und entnehme eine Probe. Wie bei den meisten Tankwagen kommt man auch hier ganz einfach an die Ladung. Bestenfalls mit einer Klappe gesichert, die jeder mit einem Schraubenzieher oder Vierkannt öffnen kann, sind häufig auch die gefährlichsten Stoffe jedermann jederzeit zugänglich.

Von Hamburg aus geht die Fahrt über die Autobahn nach Münster. Wie jede Woche. Diesmal aber wird der Transport kurz vor Osnabrück von der Polizei gestoppt. Wir haben Anzeige erstattet wegen mangelhafter Kennzeichnung und fehlendem Gefahrgut-Schein der Fahrer.

Kontrolle: Die Autobahnpolizisten sind ratlos. Zwar hat der Tankwagen keine Gefahrgut- Nummer, und die Fahrer haben keinen Führerschein für Klasse 6, aber ob das vorgeschrieben ist, können sie nicht beurteilen. Wir kommen mit den Fahrern ins Gespräch. Sie berichten, daß ihnen der Transport schon länger nicht geheuer ist: «Was für uns immer blöd ist, ist, daß wir ohne Nummer fahren. Wenn da mal was passiert, da geht doch kein Mensch ran, weil keiner weiß, was da drin ist. Auf dem Schein steht das eingetragen und was weiß ich, was das ist. Ich weiß nur, auf'm Schein steht ‹Methanol-Kresol›, und das steht auch auf'm Tank drauf, wo ich das raushole.»

Schließlich kommen zwei Mitarbeiter des Gewerbeaufsichtsamtes Osnabrück und entnehmen eine Probe. Analysieren könne sie die aber an Ort und Stelle auch nicht. Das Ergebnis der Schnellanalyse, so sagt man uns, wird per Telefon durchgegeben. Inzwischen ist der Chef der Autobahnpolizei erschienen. Auf meinen Hinweis: «Das große Problem hier ist ja, daß kein Mensch weiß, was da eigentlich im Tank ist», antwortet er: «Wir haben im Moment keinen Anlaß, hier Zweifel zu hegen, daß das, was in den Papieren steht, auch tatsächlich geladen ist. Da müssen wir zunächst einmal die Analyse der Probe abwarten und dann können wir mehr sagen.» Schließlich darf der Transport seine Fahrt fortsetzen. Per Telefon hat das Gewerbeaufsichtsamt durchgegeben: Die Ladung entspricht den Angaben in den Papieren.

Einen Tag später erfahren wir, daß die Schnellanalyse überhaupt nicht vom Gewerbeaufsichtsamt durchgeführt worden ist, sondern von der Firma Edelhoff, einem Geschäftspartner der BASF. Wir erfahren auch, daß die BASF der Transportfirma Gareg unmittelbar nach der Kontrolle den Transportauftrag entzogen hat. Wir fragten den Pressesprecher von BASF-Münster nach den Gründen. Telefonisch teilte er uns mit, daß erstens nicht auszuschließen sei, daß die Fa. Gareg BASF etwas «untergeschoben haben könnte», zum Beispiel durch Zuladung fremder Abfälle und zweitens hätte die Fa. Gareg *mit* Gefahrgut-Nummern fahren müssen, lt. BASF mit der Nummer 336 für leicht entzündbar und giftig.

Auszug aus dem Interview mit Dr. Dieter Hank, Pressesprecher der BASF in Münster:

Hank: «Wir haben selbst die Begleitpapiere entsprechend den Transportvorschriften ausgefüllt, und wir erwarten es von unserem Spediteur, daß er seiner Verpflichtung gerecht wird, die entsprechende Kennzeichnung vorzunehmen.»

Frage: «Nun ist uns mitgeteilt worden, daß Sie (BASF) der Firma Gareg gesagt hätten, Sie brauchten nicht mehr mit Gefahrgutnummern fahren.»

Hank: «Das ist uns unbekannt.»

Frage: «Ein solches Schreiben liegt uns vor.»

Hank: «Das ist uns ... kenn ich nicht. Ist unbekannt. ... Kamerastopp, darüber haben wir nicht gesprochen!»

Ein uns vorliegender Brief vom 18.8.1982, den wir auch im Fernsehen dokumentieren, beweist: BASF gab der Fa. Gareg die Anweisung: «für den Transport wird eine Warntafel ohne UN-Nummer geführt.»

Die von uns während der Frühstückspause der Gareg-Fahrer entnommenen Probe lassen wir vom KATALYSE-Institut analysieren. Dr. Gerd Zwiener: «Die Hauptgefahr bei diesem Chemikaliengemisch geht neben dem Methanol von dem Phenol aus und von den Phenolabkömmlingen, den Kresolen. Diese Chemikalien sind giftig, stark giftig. Wenn es bei einem Unfall zu Kontakt von Personen mit diesen Chemikalien kommt, kann es zu Übelkeit, zu Brechreiz kommen, im schlimmsten Falle aber auch zu Bewußtlosigkeit. Es muß auch darauf hingewiesen werden, daß diese Chemikalien, sofern sie in den Untergrund gelangen, eien große Gefahr für das Grundwasser darstellen.» Die chemische Analyse kommt zui dem Ergebnis: «Zur Gefahrkennzeichnung sollte als Gefahrgutschlüssel 60 in der oberen und 2076 in der unteren Schildhälfte zur Stoffkennzeichnung am Transport angebracht sein.

> Seit 1982 hat die Firma BASF diese Produktionsrückstände mit den allgemeinen Begleitpapieren und ohne Gefahrgut-Nummer transportiert. Die jeweilige Ladung mit mehr Methanol oder mehr Kresol befördert wurde. Bei einem Unfall hätte das katastrophale Folgen gehabt.

Ein schwerwiegendes Problem im Bereich «Sondermüll» stellt die Entsorgung von Altöl dar. Gerade die extreme Umweltgefährlichkeit von Altöl hat paradoxerweise dazu geführt, daß beim Altöltransport heute der Falschkennzeichnung Tür und Tor geöffnet ist. Zunächst ein Fallbeispiel zur Vorgeschichte:

Ende 1984 fährt ein Tankwagen von der unter Aufsicht des Bundesforschungsministeriums arbeitenden Recycling-Anlage «Salzgitter-Pyrolysegesellschaft» Salzgitter nach Essen. Der Tankwagen hat ungefährliches «Schweröl» geladen, das in Essen entsorgt werden soll. Zufällig wurde die Firma stutzig und ließ die Ladung analysieren. Die Analyse zeigte: sechs Milligramm Dibenzofurane und Dioxine pro Kilogramm. Nach Aussage eines Mitarbeiters des Analyse-Instituts «das Giftigste, was ich je gesehen habe».[11] Die alarmierte Polizei legte daraufhin das Werk in Salzgitter still. Die Firma in Salzgitter verbrannte seit 1984 Altöl bei niedrigen Temperaturen. Dann aber entstehen Dibenzofurane und Dioxine.

Seit den großen Altölskandalen ist bekannt, daß die Altölentsorgung ein großes Umweltproblem darstellt. Um die Altölerzeuger anzuhalten, ordnungsgemäß zu entsorgen, wird seitdem das abgefüllte Altöl subventioniert. Damit wurde der Anreiz geschaffen, möglichst viel Altöl ordnungsgemäß zu entsorgen. Die Beseitigung von Problemabfall kostet bis zu 400 DM pro Tonne, die Beseitigung von Altöl aber wird subventioniert. Was liegt also näher, als möglichst viele Abfälle als Altöl zu deklarieren bzw. aus irgendwelchem Sondermüll Altöl zu «machen». Denn 8 Prozent Altölanteil genügen, dann gilt der Abfall als «Altöl» und wird subventioniert. Damit aber werden die Altöltransporte zu Gefahrenpotentialen, die nicht mehr zu überblicken und auf der Straße auch nicht kontrollierbar sind.

Auch wenn sie bereits auf dem Weg in die Sondermüllverbrennungsanlage sind, ist die ordnungsgemäße Entsorgung der Abfälle noch nicht gesichert. 1983 wies die Zeitschrift *natur* darauf hin, daß «etwa 20 Prozent der tatsächlich anfallenden Sonderabfälle verschwinden, insbesondere in Sondermüllverbrennungsanlagen».

Wie geschieht das? «Verhältnismäßig einfach: Wenn es zu teuer scheint, aus gefährlichen Abfällen schadlosere Substanzen zu machen, bezeichnet man sie einfach anders. So schafft Wortschöpfung Wertschöpfung. Ein Beispiel: Rückstände, wie etwa das gefährliche, hoch chlorhaltige Lösemittel oder wie Altöl, welches mit chlorierten Kohlewasserstoffen (Kaltreiniger) versetzt ist, werden als *Wirtschaftsgut* deklariert. Damit sind sie zugleich dem Zugriff des Abfallgesetzes entzogen: Wirtschaftsgut ist kein Abfall. Und weil Wirtschaftsgut einen Zweck erfüllen muß, (er)findet man einen: Lösemittelaufbereitung.»[12]

Wegdefinieren ist billiger als beseitigen.

Listengüter – Zeitbomben auf Rädern

Nicht von allen gefährlichen Stoffen gehen die gleichen Gefahren aus, und manche sind, auch laut Gesetz, besonders gefährlich. Es sind die sogenannten «Listengüter», für deren Transport die GGVS besondere Auflagen festschreibt. § 7 GGVS legt fest: «Die Beförderung der in Anlage B, Anhang B.8, Listen I und II aufgeführten Güter bedarf in dem dort festgelegten Rahmen der Erlaubnis der Straßenverkehrs-behörde ... Die Erlaubnis kann mit Nebenbestimmungen (Bedingungen, Befristungen, Anlagen) versehen werden.»

Bei Gütern der Liste I «ist die Erlaubnis zu versagen, wenn das gefährliche Gut in einem Gleis- oder Hafenanschluß verladen und entladen werden kann; es sei denn, daß die Entfernung auf dem Schienen- oder Wasserweg mindestens doppelt so groß ist wie die tatsächliche Entfernung auf der Straße». Die Erlaubnis ist erforderlich, wenn die transportierte Menge die in der Liste festgelegte Masse überschreitet. In Liste I sind unter anderem aufgeführt:

- Nitroglycerinpulver (ab 100 kg)
- Fluor (ab 100 kg), Chlorkohlenoxid (Phosgen), Methylbromid, Stickstoffdioxid (NO_2) (ab 500 kg)
- Ammoniak, Bromwasserstoff, Chlor, Schwefeldioxid (ab 1000 kg)
- Äthylenoxid (ab 500 kg)
- Äthan, Methan, Äthylen, Erdgas und Gemische (alles tiefgekühlt, verflüssigt) (ab 100 kg)
- Blausäure mit höchstens 3 % Wasser (ab 100 kg)
- 2, 3, 7, 8 Tetrachlordibenzo-1,4-dioxin sowie Lösungen und Gemische (ab 0 kg)
- alle Stoffe mit einem Gehalt von mehr als 0,002 mg/kg bis höchstens 0,01 mg/kg 2, 3, 7, 8-TCDD (ab 0 kg)

Dies sind einige der Stoffe, die als so außerordentlich gefährlich eingestuft werden, daß ihr Transport wenn möglich mit der Bahn erfolgen muß. Allerdings sieht die GGVS eine Einschränkung vor:

Die Verpflichtung, die Stoffe mit Bahn oder Schiff zu transportieren, gilt nicht für den Berlin- und DDR-Verkehr.

Liste II führt die Stoffe auf, die wegen ihrer etwas geringeren Gefährlichkeit nicht zwingend auf Bahn oder Schiff verladen werden müssen, für die aber trotzdem zusätzliche Auflagen gelten und eine besondere Genehmigung erforderlich ist. Dazu gehören unter anderem:

- Wasserstoff (ab 100 kg)
- 78–82prozentiges Acetylclohexansulfonylperoxid mit 12 bis 16 Prozent Wasser (ab 5 kg)
- Diisopropylperoxidcarbonat (ab 10 kg)
- Tertiäres Butylperpivalat (ab 10 kg)
- Schwefelsäure, Oleum, Salpetersäure, Hydrazin (ab 1000 kg)

Diese Liste sollte und muß ständig erweitert werden. Dennoch sind manche hochgefährlichen Substanzen nicht aufgeführt, dürfen also ohne besondere Auflagen transportiert werden. So gehört etwa Arsenwasserstoff zu den in der UN-Liste aufgeführten 100 gefährlichsten Substanzen, fehlt aber bei den Listengütern.

Bei der besonderen Genehmigung für den Transport von Listengütern können unter anderem folgende Auflagen gemacht werden: Festlegung des Beförderungsweges, der Beförderungszeit, der zulässigen Höchstgeschwindigkeit, Beschränkung der Ladung, Ausrüstung mit Funkgeräten, Zwei-Mann-Besatzung. Als allgemeine Auflage ist festgelegt: «Behindert Nebel, Schneefall oder Regen die Sicht erheblich, dann darf die Fahrt nicht angetreten werden oder muß möglichst bald unterbrochen werden. Das gleiche gilt bei Schneeglätte oder Glatteis.»

Aber wer hält sich daran? Ein Fahrer berichtet: «Wir fahren Listengut schon seit Jahren. Wir haben unsere festen Kunden und regelmäßige Strecken. Im Abstand von vier bis sechs Stunden fahren wir hintereinander her. Das kommt dann genau hin, daß wir ankommen, wenn der Kollege gerade ausgeladen hat, und wir müssen dann nicht warten, und die kriegen regelmäßig Nachlieferungen. Aber was ist im Winter? Im letzten Jahr ist mal ein Kollege bei Schnee und Glatteis im Harz auf den Parkplatz gefahren und hat eine Nacht gewartet. Der Wagen aber, der hinter ihm herfuhr, ist durchgefahren. Da kam der ganze Fahrplan und alles durcheinander. Der Chef hat dann den Kollegen gefragt: ‹Warum bist du denn stehengeblieben? So schlimm kann's ja nicht gewesen sein, denn die anderen sind alle weitergefahren!› Das macht der sicherlich nicht wieder. Der fährt nächstes Jahr bei Schnee und Eis weiter, denn er weiß genau, wenn er das noch mal macht, kann er sich bald einen neuen Job suchen. Die Auflagen kontrolliert ja auch keiner.»

Im Winter 1986/87 haben die Niederlande bei sehr extremen Wetterverhältnissen einmal den Gefahrgut-Transport verboten und auch kein Fahrzeug mehr über die Grenzen gelassen. In der Bundesrepublik ist das bisher noch nicht passiert. Dabei wäre eine solche Lösung durchaus machbar. Bei schlechten Wetterverhältnissen könnte ein allgemeines Fahrverbot zumindest für Gefahrgut-Transporte erlassen und durch den Verkehrsfunk, den ja alle Fahrer hören, auch flächendeckend bekanntgegeben werden. Das müßte dann natürlich auch durch die Polizei kontrolliert und durchgesetzt werden.

Donnerstag, den 10. Dezember 1987, 18.05 WDR II, Verkehrsfunk: «Die Fahrer von kennzeichnungspflichtigen Gefahrgut-Transporten werden von der Polizei gebeten, den nächsten Parkplatz anzufahren.»

Das erste Mal in der Geschichte gab es im Verkehrsfunk eine solche Durchsage. Aber hat sie etwas genutzt? Fahrer sagten: «Wir dürfen nicht stehenbleiben, sonst bekommen wir Ärger mit dem Disponenten und dem Chef. Denen ist das doch egal, was für ein Wetter ist.» Spediteure: «Entweder gibt es eine Regelung, daß wirklich alle stehenbleiben müssen, oder es geht nicht. Wenn wir unsere Fahrer anweisen (wenn wir sie aktuell erreichen könnten!) hätten wir einen großen Wettbewerbsnachteil, denn die Konkurrenz fährt weiter. Wir verlieren dann Kunden. Das können wir uns also gar nicht leisten.»

Nach Rücksprachen beim Regierungspräsidenten, dem Innenministerium und verschiedenen Autobahnpolizeistationen zeigte sich, daß keiner weiß, ob und in welchem Maße diese Empfehlung befolgt worden ist. Die Polizei jedenfalls hat nichts davon gemerkt, daß nach dem Aufruf die Gefahrgut-Transporte Parkplätze angefahren haben. Ob es viel hilft, wenn die Polizei «bittet» – welcher Fahrer kann sich wirklich leisten stehenzubleiben? Hier würde nur ein konsequentes Fahrverbot helfen.

Generell nicht vorgschrieben ist auch bei den Gefahrgut-Transporten nach § 7 GGVS die Besetzung mit zwei Fahrern. Auch bei höchstgefährlichen Stoffen, die im Prinzip einen Beifahrer vorschreiben, kann auf diesen verzichtet werden, wenn das Fahrzeug mit Autotelefon ausgerüstet ist. Offensichtlich gehen Gesetzgeber und Straßenverkehrsbehörde hier nur vom möglichen Notfall aus und wollen vorsorgen, daß der Fahrer Hilfe holen kann. Aber die Vorschrift, mit zwei Fahrern zu fahren, betrifft ja auch das Problem der Lenkzeiten, und da nutzt es dem Alleinfahrer nichts, wenn er ein Telefon hat. Es nimmt ihm keine Arbeit ab.

Die Fahrtstrecken sind in jedem Bundesland festgelegt. Allerdings mit großen Unterschieden. Es gibt Positiv- und Negativkataloge, in denen jeweils entweder die vorgeschriebenen Strecken für solche Transporte (Positivkatalog) oder die vom Transport ausgeschlossenen Strecken (Negativkatalog) enthalten sind. So hat beispielsweise Bayern einen Positivkatalog. Der Negativkatalog, wie er etwa in Nordrhein-Westfalen bisher gilt, scheint nicht so sinnvoll zu sein, denn es erfordert einige Mühe, die Straßenabschnitte in den Listen herauszusuchen, die von der Beförderung ausgeschlossen sind. Auch Nordrhein-Westfalen prüft zur Zeit (Oktober 1987) die Möglichkeit vom bisherigen Negativkatalog auf einen Positivkatalog überzugehen. Doch, Kataloge hin oder her, wesentlich ist es, ob sie eingehalten werden – und das ist durchaus nicht immer der Fall, wie bei so vielen anderen Vorschriften auch.

Fall 5: **Äthylengas aus der DDR**

Seit einigen Jahren schon fährt die Firma Janssen Chemietransporte JCT Äthylengas aus Böhlen bei Leipzig in der DDR nach Jemeppe in Belgien. Ein Fahrer: «Wenn dieser Wagen in einem Stadtzentrum explodiert, gibt's da einen quadratkilometergroßen Parkplatz.» Im Handbuch der gefährlichen Güter steht:

«Äthylengas (oder Ethylen): farbloses Gas; sehr schwacher, süßlicher Geruch. Wird tiefgekühlt bei ca. –100 Grad transportiert. Brennbar, freiwerdendes Gas bildet schnell explosionsfähige Gemische mit Luft. Das Gas ist geringfügig leichter als Luft und steigt langsam nach oben. Entzündung durch heiße Oberflächen, Funken oder offene Flammen. Schon ein relativ schwacher Funke von elektrostatischer Energie kann eine Entzündung herbeiführen.

Das Gas ist wenig giftig, wirkt aber betäubend. Hohe Konzentrationen wirken zusätzlich durch Verdrängung der Luft erstickend. Maßnahmen: Alle unbeteiligten Personen nach Luv (gegen den Wind) entfernen. Achtung, falls freiwerdendes Ethylen in die Kanalisation gerät, entsteht Explosionsgefahr. Wenn größere Mengen frei werden, gefährdetes Gebiet evakuieren, Katastrophenalarm prüfen. Gewässerverunreinigung: für Fische 22 bis 65 mg/l tödlich.»

In der DDR gelten für solche Transporte strenge Sicherheitsvorschriften:

– Die Fahrzeuge müssen mit zwei Mann besetzt sein;
– der Transport wird per Funk von Polizei zu Polizei weitergereicht;
– der Transport darf nicht durch Wohngebiete fahren, das heißt in diesem Fall, die Lkw müssen auf der Autobahn bis zum Berliner Ring und fahren dann wieder nach Süden in Richtung Leipzig; bei jeder Strecke ca. 300 km Umweg;
– alle Gefahrgut-Transporte müssen mit gelbem Warnlicht (Rundumlicht) fahren.

In der Bundesrepublik ist der Transport zwar nach § 7 GGVS mit besonderen Auflagen versehen (der Negativkatalog schließt bestimmte Strecken aus), ein zweiter Fahrer aber ist nicht erforderlich und mit den Lenkzeiten wird es, wie wir sehen werden, auch nicht so genau genommen. Für die Fernsehreportage haben wir den Geschäftsführer, Herrn Johannes H. Janssen, interviewt und nach dem Sicherheitsstandard bei seinen Transporten befragt:

Janssen: «Im beladenen Zustand und im leeren Zustand, auf dem Weg zur Beladung, sind die Fahrzeuge immer mit zwei Leuten besetzt.»

«Ist das Vorschrift oder machen Sie das selbst?»

Janssen: «Das ist keine Vorschrift, wir machen das selber so. Wir wissen ja niemals, was passieren kann unterwegs. Damit der zweite Fahrer da ist, um weitere Maßnahmen zu unternehmen.»

Diese Aussage aber ist falsch. In Wirklichkeit sieht es so aus: Die Lkw fahren mit zwei Fahrern vom Ruhrgebiet in die DDR, denn dort ist ja der zweite Fahrer vorgeschrieben, dann fahren sie wieder zurück. Im Ruhrgebiet wird einer der beiden Fahrer abgesetzt, und der andere fährt die Strecke nach Belgien zum Abladen allein weiter. Auf dem Rückweg sammelt er seinen zweiten Fahrer wieder auf, und gemeinsam machen sie wieder die Fahrt in die DDR.

Wieder zurück im Ruhrgebiet steigt diesmal der andere Fahrer aus und hat zehn Stunden Zeit, sich auszuruhen. Bei einer dem Gesetz entsprechenden Lenkzeit von 48 Stunden in der Woche könnten die Fahrer die Tour DDR–Belgien zweieinhalbmal machen, mehr ist nicht möglich. Tatsächlich aber gibt es Fahrer, die die Strecke drei- bis viermal machen, also an die 80 Stunden in der Woche am Steuer sitzen müssen. Janssen zahlt ihnen dafür für die dritte und vierte Tour jeweils 500 DM extra. Klar, daß solche Prämien reizen.

Die Transporte der Firma Janssen aber sind auch noch in anderer Hinsicht mangelhaft. Wir erwischten die Lkw bei der Durchfahrt durch einen Autobahntunnel in Düsseldorf, eine Strecke, die im Negativkatalog von NRW ausdrücklich ausgeschlossen ist.

Welche Strafen drohen bei solchen Verstößen gegen die Vorschriften? Fast ein Jahr, nachdem wir den «Fall Janssen» in der Öffentlichkeit bekannt gemacht haben, ist noch nichts geschehen. Zunächst wurde ermittelt – gegen das Fernsehteam, auf Anzeige der Fa. Janssen, wegen «Transportgefährdung». Nachdem wir dann der ermittelnden Staatsanwaltschaft eine Kopie des Films übersandt hatten, wurde das Verfahren eingestellt und gegen die Fa. Janssen ermittelt. Dann wurde die Angelegenheit weitergegeben an das zuständige Straßenverkehrsamt, das wiederum weitergab an das Ordnungsamt. Wahrscheinlich hat Herr Janssen im schlimmsten Fall ein kleines Bußgeld zu befürchten. Obwohl wir nachweisen konnten, daß die Firma Janssen die Fahrer bis zu vier Touren DDR–Belgien in der Woche fahren läßt, was nur mit groben Verstößen gegen die Sozialvorschriften möglich ist, hat die Gewerbeaufsicht bisher keine Betriebsprüfung durchgeführt. Herr Janssen ließ im übrigen auch nach der Fernsehreportage weiterhin vier Touren fahren. Und die Dauergenehmigung für den Transport gefährlicher Güter besitzt die Firma ebenfalls noch. Selbst eklatante Verstöße scheinen die Behörden nicht weiter zu stören. Sie führen offensichtlich nicht zum Konzessionsentzug.

Gerade beim Transport von Listengütern ist das Gesetz außerordentlich milde zu den Delinquenten. So kann der Fahrer für das Nichtbeachten von Auflagen entsprechend § 7 GGVS nicht bestraft werden, und dem Fahrzeughalter, also dem jeweiligen Spediteur, droht ein Bußgeld von sage und schreibe 300 DM.

Die Genehmigungen nach § 7 GGVS werden von den Straßenverkehrsbehörden erteilt. Sie können für eine einzelne Fahrt, für eine begrenzte, aber auch für eine unbegrenzte Zahl von Fahrten erteilt werden, und zwar für die Dauer von höchstens drei Jahren. Im Klartext heißt das: Ein Transportunternehmen wie die oben erwähnte Firma Janssen bekommt in der Regel eine Dauergenehmigung für drei Jahre. In dieser Zeit prüft niemand mehr nach, was dort im einzelnen wann transportiert wird. Es gibt auch keinerlei Mitteilungspflicht über die aktuell durchgeführten Transporte. Die Polizei ist nicht darüber informiert, welche Transporte mit besonders gefährlichen Gütern sich im Augenblick über die Straßen ihres Zuständigkeitsbereiches bewegen. Im Gegensatz dazu muß jeder Schwertransport, dazu gehört jeder Bagger mit Überbreite, *einzeln* angemeldet werden. Jeder solche Sondertransport bekommt bestimmte Auflagen, muß mit gelbem Warnlicht fahren, ein Begleitfahrzeug dabeihaben, das ebenfalls mit gelbem Warnlicht ausgestattet ist usw. Oft wird auch die Begleitung durch ein Polizeifahrzeug vorgeschrieben. Fahrtstrecke und Fahrtzeit müssen genau angegeben werden.

Bei jeder Dampfwalze mit zehn Zentimeter Überbreite ist das erforderlich, bei so gefährlichen Stoffen wie Ethylen dagegen genügt die einmalige Beantragung einer Erlaubnis, dann können drei Jahre lang unbegrenzt viele Transporte gefahren werden und keiner prüft die Einhaltung der Auflagen, die Mengen und die Fahrtstrecken. Bereits 1985 forderte die Gewerkschaft der Polizei: «Die Einrichtung eines Meldesystems für gefährliche Güter, das eine schnelle und jederzeit mögliche Identifizierung von Herkunfts- und Bestimmungsort, Fahrtroute, Art der Ladung und zu beachtende Besonderheiten für den Umgang, besonders bei Unglücksfällen, mit ihr erlaubt, erscheint uns zwingend notwendig.»[13] Das bedeutete die Anmeldung jedes einzelnen Transports mit genauer Fahrtzeit und Fahrtstrecke.

Vom kurzen Arm der Ordnungsmacht

Kontrollen – Ein Netz mit tausend Löchern

Auf der Straße

Mittwoch morgen, Autobahn Frankfurt–Köln, kurz hinter der Abfahrt Idstein. Zehn bis fünfzehn Polizeibeamte stehen auf dem Autobahnparkplatz. Lkw-Kontrolle. Auf der Autobahn sind die Schilder ausgeklappt: «60 km», «Lkw-Kontrolle» und ein Beamter winkt die schweren Lkw mit der Kelle auf den Parkplatz ein. Routinekontrolle mit Schwerpunkt Gefahrgut-Transporte. Ein schwerer Tankzug rollte heran und hält. Vorn die orange Warntafel mit den Zahlen 68 für giftig und ätzend, unten die Stoffnummer 2312.

«Guten Tag, Autobahnpolizei, die Fahrzeugpapiere bitte.» Der Fahrer reicht die Papiere, Zulassung, Begleitpapiere (mit Absender und Empfänger, Versandort, Bestimmungsort, Nettogewicht). GGVS-Schein des Fahrers und die besondere Zulassung für Gefahrgut-Transporte sind ebenfalls vorhanden. Der Transport mit 25 000 Liter Phenol soll nach Süddeutschland gehen. Auch die vorgeschriebene Schutzausrüstung ist an Bord: Augensprühflasche, Schutzbrille, Unfallmerkblätter, Warnleuchten. Der Polizeibeamte prüft den Trennschalter. Dieser Trennschalter muß in Reichweite des Fahrers sein. Bei einem Unfall kann damit der gesamte Stromkreislauf unterbrochen werden, um Funkenbildungen durch Strom zu verhindern. Trotz unterbrochenem Stromkreislauf muß aber der Motor noch weiter laufen, damit das Fahrzeug eventuell aus der Gefahrenzone herausgefahren werden kann. Auch hier ist alles in Ordnung. Der Polizist geht um das Fahrzeug herum, prüft die Dichtigkeit der Ventile, die Reifen und die Isolierung der elektrischen Leitungen. Im Werkzeugkasten dürfen keine Werkzeuge herumliegen, die eventuell Funken schlagen können. «Dann möchte ich gerne noch die Tachoscheibe sehen.» Heute ist der Fahrer erst drei Stunden gefahren. Gestern, vorgestern und in der letzten Woche hatte er noch Urlaub, wie er sagt. Ob es stimmt, kann der Polizist nicht nachprüfen. «Aber sonst war ja alles in Ordnung!» Der Fahrer kann weiterfahren.

Die Beamten entdecken an diesem Vormittag keine spektakulären Mängel, etliche Geschwindigkeits- und Lenkzeitübertretungen, einige technische Mängel (nicht isolierte Kabel, Warnleuchten defekt, Reifen abgefahren) und einige hatten die Begleitpapiere nicht ordnungsgemäß ausgefüllt. Aber nichts so Schwerwiegendes, daß einem Fahrzeug die Weiterfahrt hätte untersagt werden müssen. Aber ein solches Ergebnis ist nicht typisch.

1. Juli 1986: Das Innenministerium Nordrhein-Westfalen teilt mit: Nahezu jedes vierte Fahrzeug (24,1 %), das mit gefährlichen Gütern auf nordrhein-westfälischen Straßen unterwegs war, mußte von der Polizei beanstandet werden, weil Mängel beim Fahrer oder an der Technik festgestellt wurden.

28. August 1987: Innenministerium Rheinland-Pfalz: In der Zeit von Mitte Juli bis Mitte August wurden 5030 Gefahrgut-Transporter überprüft, wobei es zu 1504 Beanstandungen kam. Das sind 29,9 Prozent! In siebzehn Fällen mußten verkehrsunsichere Fahrzeuge aus dem Verkehr gezogen werden. Bei den Beanstandungen standen die Übertretung der Geschwindigkeit mit 784 Fällen an der Spitze, in 337 Fällen wurden technische Mängel festgestellt, die weiteren Beanstandungen erfolgten wegen mangelhafter Begleitpapiere (70), Schutzausrüstungen (78), Fehlen von Unfallmerkblättern (55) oder Warntafeln (54) bzw. Nichteinhalten von Sozialvorschriften (147).

13. August 1987: Innenministerium Nordrhein-Westfalen, Halbjahresbilanz: Die Polizei des Landes Nordrhein-Westfalen hat im ersten Halbjahr dieses Jahres bei landesweiten Kontrollen 204532 Lkw schwerpunktmäßig darauf hin überprüft, ob Verkehrsvorschriften eingehalten und Ausrüstungsvorschriften beachtet wurden. Gezielt wurden dabei unter anderem 9164 Fahrzeuge für den Transport gefährlicher Güter kontrolliert. 2144 (23,4 Prozent) dieser Fahrzeuge mußten von der Polizei beanstandet werden.

200000 kontrollierte Lkw in einem halben Jahr – das klingt sehr viel. Aber dennoch: Solche Straßenkontrollen sind nicht dazu geeignet, die Sicherheit des Lkw- und besonders des Gefahrgut-Verkehrs zu gewährleisten. Trotz offiziell steigender Anzahl von Kontrollen wird bei weitem nicht jeder Lkw auch nur einmal im Jahr davon erfaßt. Und die Fahrer wissen: Nach 17 Uhr und bei schlechtem Wetter wird nur ganz selten kontrolliert.

Hauptsächlich werden folgende allgemeine und technische Mängel beanstandet:
- Warntafeln
- Überladung
- Begleitpapiere
- Schutzausrüstung
- Unfallmerkblatt
- Prüfbescheinigung
- Feuerlöscher
- elektrische Ausrüstung
- Warneinrichtungen
- Bereifung
- Mängel am Tank

Außerdem natürlich Geschwindigkeitsübertretungen und Verstöße gegen die Sozialvorschriften.

Zuständig für Kontrollen auf der Straße ist die Polizei. Bei den bekannten Lkw-Kontrollen auf der Autobahn sind außerdem noch Beamte der «Bundesanstalt für den Güterfernverkehr» anwesend, die aber im wesentlichen nur die Einhaltung der Frachttarife und die Konzessionen überprüfen.

Für die spezielle Überprüfung von Gefahrgut-Transporten ist der Polizist «vor Ort» aber in der Regel nicht oder nicht ausreichend ausgebildet. Der normale Polizeibeamte hat mit tausenderlei Dinge zu tun. Nach der Unfallaufnahme eines Verkehrsunfalls, einer Einbruchsmeldung, zwei Verkehrsvergehen und den alltäglichen Kleinigkeiten beim Streifendienst steht er plötzlich bei einer Kontrolle vor einem Chemietankzug. Wie soll er da Bescheid wissen über die unzähligen Regeln und Paragraphen, Bestimmungen und Richtlinien, Durchführungsverordnungen und Ausnahmegenehmigungen. Dazu kommt, daß bei einer solchen Kontrolle «nur» die Sozialvorschriften (Lenkzeiten), die technische Ausrüstung und die Papiere überprüft werden können. Das ganz wichtige Problem, ob eigentlich wirklich das im Tank ist, was in den Papieren steht, läßt sich im Rahmen einer solchen Kontrolle gar nicht klären. Nur wenn «begründeter Verdacht» vorliegt, kann die Polizei die Entnahme einer Probe anordnen.

«Für bei Gefahrgut-Kontrollen eingesetzte Polizeibeamte wird in der Regel erst bei bestehendem Verdacht einer Straftat bzw. einer Ordnungswidrigkeit Veranlassung bestehen, Proben des Ladegutes zu entnehmen bzw. entnehmen zu lassen, wenn zum Beispiel der Verdacht besteht, daß das Ladegut nicht mit dem in den Begleitpapieren

eingetragenen Gut identisch ist ... Die Entnahme von Proben gefährlicher Güter erfordert nicht nur eine spezielle Ausstattung mit
entsprechendem Gerät, sondern auch eine spezielle Ausbildung
(Sachkunde), um die Proben für Ordnungswidrigkeiten- oder Straf-
verfahren beweiserheblich zu sichern ... Da weder die spezielle Ausrüstung noch Ausbildung zur Zeit innerhalb der Länderpolizeien die
Regel ist, wird die Polizei zur Probenentnahme auf andere Stellen
zurückgreifen müssen.»[1]

Um die Ausbildung und Ausstattung der Polizei in dieser Hinsicht
zu verbessern, fordert die Gewerkschaft der Polizei unter anderem:
«a) Vermittlung von Grundkenntnissen über Gefahrgut in Ausbildung und Fortbildung, b) Erhöhung bzw. Einführung entsprechender
Kontrolleinheiten bei der Polizei, welche die schwierige Gesetzeslage
beherrschen müssen und über das erforderliche Fachwissen
verfügen sollen. Eine dementsprechende Anhebung der Stellen in
den einzelnen Ländern ist damit unabdingbar verbunden.»[2]

Der Polizeihauptkommissar Fritsch stellt in seinem Artikel ‹Polizei
– erfolgreich bei Umweltdelikten?› im Abfallbereich «deutliche Wis-
sens- und Kontrolldefizite» bei den Polizisten fest, und er fordert
«vermehrte Kontrollen» und intensivere Recherchen auch in den Betrieben. In einer Anmerkung der Redaktion der Hessischen Polizei
Rundschau zu seinem Artikel aber wird er direkt gebremst: «Bei allem erfreulichen Engagement für den Umweltschutz sind jedoch die
rechtlichen Voraussetzungen für polizeiliches Tätigwerden in diesem
Bereich zu beachten. Eine ‹Allzuständigkeit› bei der Durchsetzung
abfallrechtlicher Bestimmungen ist nicht anzunehmen, schließlich
gibt es in der Verwaltung Ämter, die originär zuständig sind.»[3] Inwie-
weit es ausreicht, wenn andere «Ämter» ermitteln, davon wird weiter
unten noch die Rede sein.

Ein besonderes Problem stellt die Kontrolle von Militärfahrzeugen
dar, die in nicht unerheblichem Maße gefährliche Güter durch unser
Land transportieren. Zunächst einmal sind grundsätzlich die
Vorschriften der GGVS nicht anwendbar auf «Fahrzeuge, die den
Streitkräften einer Vertragspartei (das heißt die Staaten der ADR-
Übereinkunft, d. V.) angehören oder für die diese Streitkräfte verant-
wortlich sind».[4] Das gilt für Fahrzeuge, die den «Weisungen der
Streitkräfte zu folgen haben, militärisch begleitet werden, innerhalb
eines militärischen Konvois fahren etc.». Überprüfungen solcher
Fahrzeuge sind also nicht möglich. Fahren Militärfahrzeuge aller-
dings außerhalb eines Konvois, so müssen sie ganz «normal» den

GGVS-Vorschriften entsprechen. Aber in der Praxis sieht das anders aus. In seinem Buch ‹Polizei und gefährliche Güter› führt Polizeihauptkommissar Taschenmacher aus:

«Kontrollen von Gefahrgut-Fahrzeugen der NATO-Truppen zur Überwachung der Vorschriften mit der Konsequenz repressiver Maßnahmen (Verfolgung von Zuwiderhandlungen durch Anzeigen etc.) sind m. E.... nicht nur wenig erfolgversprechend, sondern stellen sich fast als undurchführbar dar – neben wahrscheinlichen Verständigungsproblemen bei der Kontrolle und bei späteren Ermittlungen – da ...nicht feststellbar ist, nach welchen Vorschriften die Truppen befördern... die Kontrolle (das Betreten und Überprüfen) von Versandstück-Lkw durch vorliegende/behauptete Geheimhaltungsbestimmungen leicht verhindert werden können... eine Möglichkeit der Verfolgung von Verstößen gegen diese Vorschriften nicht gegeben sein wird...»[5]

Ebensowenig wie es genaue Zahlen darüber gibt, wie viele Militärtransporte mit welchen Mengen von Gefahrgut über die Straßen rollen, so gibt es auch keine Kontrollen dieser Transporte – obwohl gerade mit Militärtransporten immer wieder schwere Unfälle passieren.

Die Militärbehörden scheinen sich allerdings über die Gefährlichkeit ihrer Transporte und die Vorschriften in diesem Bereich nicht gerade viele Gedanken zu machen. Als das nordrhein-westfälische Verkehrsministerium kürzlich die Liste derjenigen Straßen erweiterte, auf denen besonders gefährliche Güter überhaupt nicht transportiert werden dürfen (in rund hundert Gemeinden), meldete sich, so Ministeriumssprecher Seltmann, unter anderem höchst verwundert eine «höhere Bundeswehrverwaltungsstelle», der «überhaupt nicht bekannt war, daß es Straßen gibt, auf denen man nicht mit Sprengstoff herumfahren darf».[6]

In den Betrieben

Die Sozialvorschriften sehen die Verpflichtung des Fahrers vor, die Tachoscheiben der laufenden Woche und des letzten Tages der Vorwoche mit sich zu führen und bei Kontrollen vorzuzeigen. Aber diese Verpflichtung wird oft umgangen, indem der Fahrer beispielsweise angibt, bis gestern Urlaub gehabt zu haben oder aus anderen

Gründen nicht gefahren zu sein. Eine weitere Manipulationsmöglichkeit ist gegeben, wenn Firmen Fahrer auf unterschiedlichen Lkw einsetzen. Der Fahrer hat dann auf «seinem» Lkw seine vorgeschriebene wöchentliche Lenkzeit erfüllt und steigt am Ende der Woche einen Tag auf einen anderen Wagen. Bei einer Straßenkontrolle an Ort und Stelle lassen sich solche Angaben nur sehr schwer überprüfen. Alle diese Manipulationsmöglichkeiten lassen sich nur im Rahmen umfassender Betriebskontrollen aufdecken.

Für solche Kontrollen sind die Gewerbeaufsichtsämter zuständig. Und immerhin: Die 1230 Gewerbeaufsichtsbeamten des Landes Nordrhein-Westfalen haben zum Beispiel im Jahr 1984 in 379 Betrieben des Güterverkehrs Überprüfungen im Betrieb («Außen-Prüfungen») vorgenommen. Eine stolze Leistung. Wenn sie so weitermachen, haben sie nach 28 Jahren jeden der 10774 Betriebe des Güternahverkehrs einmal gesehen. In 1491 Fällen wurden lediglich «Büro-Prüfungen» an Hand angeforderter Unterlagen vorgenommen. Ein mangelhaftes Verfahren, wie die Gewerbeaufsicht NRW in ihrem Jahresbericht 1985 selbst zugeben mußte:

«In der Praxis der reinen Betriebsüberprüfungen hat sich gezeigt, daß reine Büro-Prüfungen nur an Hand der schriftlich angeforderten Unterlagen nicht zweckmäßig sind. In einer Reihe von Fällen wurde festgestellt, daß die Schaublätter (Tachoscheiben, d. V.) nicht vollständig vorgelegt wurden. Dies erfolgt überwiegend zu dem Zweck, Verstöße zu verschleiern. Hier hat sich die Einsichtnahme in Dispositionsunterlagen im Betrieb als nützlich erwiesen. Oftmals vernichteten die Betriebe auch die Schaublätter und nahmen damit ein Bußgeld von ca. 1000 DM eher in Kauf als das Risiko, bei Aushändigung der Schaublätter zur Überprüfung ein ungleich höheres Bußgeld wegen nachgewiesenen Verstoßes gegen die Arbeitszeitvorschriften zu erhalten. In diesem Zusammenhang fordern die Staatlichen Gewerbeaufsichtsämter eine Anhebung des Bußgeldsatzes für die Vernichtung von Beweisunterlagen.»[7]

In einem großangelegten Erlaß hat der Minister für Arbeit, Gesundheit und Soziales des Landes NRW am 19. Dezember 1986 die Regierungspräsidenten und Gewerbeaufsichtsämter angewiesen, die Umschlagsanlagen für gefährliche Stoffe umfassend und nach vorgegebenen, einheitlichen Prüflisten zu überprüfen (Aktenzeichen III A5 – 8661). Dazu gibt es Prüflisten für Gefahrgut-Beförderung in Tankfahrzeugen, Eisenbahnkesselwagen, zylindrische Tankcontainer, Versandstücke für Gas, Versandstücke für entzündbare, flüssige

Stoffe und einen Leitfaden für die Überwachung ortsfester Umschlagsanlagen. In den Eingangsworten des Erlasses heißt es:

«Die Beförderung gefährlicher Güter ist mit erheblichen potentiellen Gefahren verbunden. Im Hinblick auf diese Gefahren kommt der Überwachung der Gefahrgut-Transporte durch die zuständigen Behörden eine große sicherheitstechnische Bedeutung zu.»

Hehre Worte, und ich gebe zu, auch ich war von dem Vorhaben einigermaßen beeindruckt. Bis mir dann ein Mitarbeiter eines Gewerbeaufsichtsamtes sagte: «In unserem Großstadtbezirk bin ich der einzige Beamte, der mit der Kontrolle von Gefahrgut beauftragt ist. Ich habe aber noch andere Aufgaben. Die Überwachung gefährlicher Güter, wie sie der Erlaß vorschreibt, kann ich nur mit 20 Prozent meiner Arbeitszeit machen. Das sind in der Woche acht Stunden!»

An den Grenzen

Aus meinem Tagebuch: Grenzübergang Aachen-Lichtenbusch. Ich bremse meinen Vierzig-Tonnen-Tankzug ab, fahre die leichte Rechtskurve in die Zollstelle. Links und rechts stehen eine Menge Lkw. Ich parke, nehme meine Papiere und gehe in das Gebäude zur Zollabfertigung. Am Schalter fülle ich die «Zählkarte» aus. Die ist für die Statistik da, damit genau gezählt werden kann, wieviel Lkw aus welchen Ländern kommend mit welcher Ladung in welche Länder gefahren sind. Meine anderen Papiere sind bereits ausgefüllt: T2-Dokument, das ist die Zollerklärung, Frachtbrief, die Rechnung (die ist ganz wichtig, damit der Zoll berechnet werden kann) und der Laufzettel, auf dem die Bearbeitung meiner Zollunterlagen bestätigt wird.

Ich reiche die Papiere durch den Glasschalter. Der Kollege vom Zoll blättert alles durch, dann kommen die Stempel. Insgesamt sechsmal dröhnt das Knallen der Stempel durch den Raum. Ja, das ist wichtig, denn jeder Staat achtet sehr darauf, daß er die ihm zustehenden Steuern und Abgaben auch erhält. Dann kann ich wieder gehen. Keiner fragt danach, ob ich Gefahrgut geladen habe, ob ich das in meinem Tankzug überhaupt befördern darf, ob ich den Gefahrgut-Führerschein habe. Was in den Papieren steht, das ist auch im Tank. Man möchte es mit Christian Morgenstern sagen: «Weil, so schließt er messerscharf, nicht sein kann, was nicht sein darf!» Und vor allem interessiert sich niemand dafür, wie lange ich schon am Steuer sitze, wie lange ich gearbeitet habe. Ich steige in meinen Wagen und fahre los. Am Ende der Zollanlage an der Schranke halte ich kurz und gebe meine Laufzettel ab. Alles klar, erledigt. Die Grenze liegt hinter mit. Das ganze Verfahren hat nicht länger als zwanzig Minuten gedauert. Manchmal geht es nicht so schnell, da wartet man etwas länger. Aber eine intensive Kontrolle habe ich noch nie erlebt.

Der Straßengüterverkehr wird immer internationaler. Die Güterströme kommen aus Übersee zu den großen Häfen Antwerpen, Rotterdam und werden von da aus in ganz Europa verteilt. Die Chemiekonzerne produzieren über 50 Prozent ihrer Produkte für den Export. Für die Fernfahrer ist das Überschreiten von Ländergrenzen ein völlig normaler Vorgang. Die Strecke von Antwerpen oder Rotterdam nach Köln zum Beispiel wird vom Nahverkehr gefahren. 1986 fuhren 6,5 Millionen Lkw in die Bundesrepublik ein, 4,3 Millionen verließen sie mit Ladung und eine Million Lkw fuhren durch die BRD durch.[8]

An den Grenzübergängen wäre eine gute Möglichkeit zur Kontrolle aller Wagen gegeben. Aber die Politiker haben andere Pläne. In einem Weißbuch ‹Vollendung des Binnenmarktes› hat die EG-Kommission die Ziele abgesteckt. Bis 1992 sollen die Grenzkontrollen vollständig abgebaut werden. Schon bis 1988 will man die Grenzen ins Binnenland verlagern, das heißt, das Zollverfahren wird nicht an der Grenze, sondern bereits in der Heimatstadt durchgeführt. Dann wird es nur noch Stichprobenkontrollen geben. Auf dem Gefahrgut-Forum in Bonn am 4. November 1987 äußerte der Parlamentarische Staatssekretär Schulte allerdings dazu, daß mit den Verkehrsministern der Länder abgesprochen sei, «die Gefahrgut-Kontrollen auf der Straße zu intensivieren und qualitativ zu verbessern, aber auch die Kontrollen an den Grenzen und in den Betrieben zu verstärken». Wie er dies mit seinen politischen Absichten eines «freien Marktes in der EG» in Einklang bringen will, bleibt sein Geheimnis. Denn die laufen ja gerade auf das Gegenteil, nämlich die weitgehende Abschaffung der Kontrollen hinaus.

Die Zollbehörden verweisen darauf, daß sie die Lkw – auch die mit Gefahrgut – nur im Rahmen ihrer «normalen» Kontrollen überprüfen. Das heißt im Klartext: Außer der Kontrolle der Papiere und einer Stichprobenüberprüfung der Waren findet nichts statt. Tankwagen können, so heißt es, überhaupt nicht kontrolliert werden, da Ausbildung und Ausrüstung dafür nicht vorhanden seien. Spezielle Schulungen für die Kontrollen von Gefahrgut-Transporten sind beim Zoll unbekannt. Die Bundesanstalt für den Güterfernverkehr (BAG) hat im Jahr 1986 insgesamt an allen Grenzübergängen der BRD 48321 Lkw überprüft. Das sind 0,4 Prozent aller Lkw, die die Grenzen passiert haben.

Der Gefahrgut-Beauftragte – Konzept für die Zukunft

Die wahrscheinlich effektivste Form der Kontrolle gefährlicher Transporte, die auch eine Alternative zum problematischen Ruf nach mehr Polizei darstellen könnte, ist heute noch Zukunftsmusik: die Einführung des Gefahrgut-Beauftragten. Um Gefahr-Transporte auf der Straße sicherer zu machen, stellt die Gewerkschaft ÖTV diese Forderung bereits seit 1984.

«Nach der Einführung der Gefahrgut-Ausbildung für Tanklastwagenfahrer verlassen sich viele Unternehmen darauf, daß diese Arbeitnehmer auf Grund ihrer Qualifikation die bestehenden Vorschriften anwenden. Nach unseren Vorstellungen soll der betriebliche Beauftragte unter anderem berechtigt und verpflichtet werden:

– die Einhaltung der für den Transport gefährlicher Güter geltenden Gesetze und Rechtsverordnungen sowie der auf Grund dieser Vorschriften erlassenen Anordnungen, Bedingungen und Auflagen zu überwachen, insbesondere durch Kontrolle der Betriebsstätte in regelmäßigen Abständen, Mitteilung festgestellter Mängel und Vorschläge über Maßnahmen zur Beseitigung dieser Mängel;

– die Arbeitnehmer über Gefahren aufzuklären, die von dem besonderen Transportgut ausgehen können sowie über Einrichtungen und Maßnahmen zu unterrichten, die zur Verhinderung dieser bestehen;

– den Weg des gefährlichen Transportguts von der Beladung bis zur Entladung zu überwachen.

Nach Auffassung der Gewerkschaft ÖTV ist unter Mitbestimmung des Betriebsrates der Beauftragte zu bestellen. Er muß persönlich zuverlässig und sachkundig sein.

Der Arbeitgeber hat den Beauftragten bei seiner Arbeit zu unterstützen, er muß insbesondere alle Mittel zur Verfügung stellen, die dieser zur Erfüllung seiner Aufgaben benötigt. Der Beauftragte unterliegt im Rahmen seiner gesetzlichen Aufgaben nicht dem Weisungsrecht seines Arbeitgebers.»[9]

Sicher, die Einführung eines Gefahrgut-Beauftragten wirft einige Fragen auf: Wer soll ihn bezahlen? Von wem wird er angestellt, wem gegenüber ist er weisungsbefugt, wer kann ihm Weisungen erteilen? Zu verhindern ist, daß die Betriebe selber diesen Gefahrgut-Beauftragten anstellen, der dann auch ihren Weisungen folgen muß. So ungefähr stellt sich das beispielsweise die Fa. BAYER vor: «Zum Thema ‹Gefahrgut-Beauftragter› im Werk und schärfere Kontrollen ist zu sagen, daß dies bereits Realität ist. Bei Bayer gibt es sogar eine Gefahrgut-Gruppe mit mehreren Mitarbeitern, die sich ausschließlich – und per Bereitschaftsdienst rund um die Uhr – diesen Aufgaben widmet.»[10] Eine solche Gefahrgut-Gruppe hat sicherlich mit einem Gefahrgut-Beauftragten, der für die Sicherheit des Transportes (auch *gegen* den Unternehmer!) sorgen soll, nichts zu tun.

Die Arbeitgeberseite hat sich bisher mit Händen und Füßen gegen einen Gefahrgut-Beauftragten gewehrt[11]:

«... aus unserer Sicht ein sehr aufwendiges Alibi ohne erkennbaren Sicherheitsgewinn» (Mineralölwirtschaftsverband).

«... in aller Deutlichkeit gefordert, daß die Verantwortlichkeit des Unternehmers für die Einhaltung der Gefahrgut-Vorschriften nicht verwässert werden darf» (Bundesverband der Deutschen Industrie).

«Wir glauben jedoch, daß es effizienter ist, durch noch mehr Aufklärung und Schulung den am Gefahrgut-Transport beteiligten Personenkreis problembewußter zu machen» (Verband der chemischen Industrie).

«Die Institution eines Gefahrgut-Beauftragten würde die heute bereits eindeutig geregelte Verantwortung des Unternehmers und die von ihm festgelegten Organisations- und Aufsichtsmaßnahmen aushöhlen» (BASF).

Lange Zeit hat sich die Industrie sogar geweigert, weiter über die Forderung nach Einführung des Gefahrgut-Beauftragten überhaupt zu diskutieren. Erst das Unglück in Herborn hat das Thema wieder auf die Tagesordnung bringen können.

Glaubt man den Ankündigungen des Bundesverkehrsministeriums nach der Sitzung des Gefahrgut-Beirates im November 1987, so könnte der Gefahrgut-Beauftragte schon bald Realität werden. Ganz anders allerdings, als sich die ÖTV das vorstellt. Denn nach den bisher bekanntgewordenen Plänen der Bundesregierung ist vorgesehen, daß der jeweilige Unternehmer selbst den Gefahrgut-Beauftragten ernennen kann. Er kann sich auch zu seinem eigenen Kontrolleur aufschwingen. Damit aber macht man den Bock zum Gärtner. Den Fahrern und der Sicherheit der Gefahrgut-Transporte ist mit einer solchen Regelung nicht gedient.

Erwischt – und was dann?

Unter der Überschrift «Keine Nachsicht bei Gefahrgut» berichtete die Deutsche Presse-Agentur am 12. November 1987 von einem gewaltigen Schlag gegen Verstöße im Zusammenhang mit Gefahrgut-Transporten. Doch der Leser, der die Überschrift beim Wort nimmt und jetzt das Beispiel einer saftigen Strafe erwartet, hat allen Grund zum Staunen: Es wird über einen Fall berichtet, in dem ein Betriebsleiter wegen Verstoßes gegen die Gefahrgut-Verordnung Straße zu einer Geldbuße in Höhe von 250 DM verurteilt wurde. In Worten: zweihundertfünfzig DM! Dazu braucht man wirklich kein Wort verlieren. Im Kapitel über Lenk- und Arbeitszeiten habe ich den Fall einer Spedition geschildert, wo bei Kontrollen an allen Tankzügen Schalter gefunden wurden, mit denen der Fahrtenschreiber ausgeschaltet werden konnte. Mittlerweile ist die Höhe der daraufhin ausgesprochenen Strafen bekannt: Der Disponent mußte 4000 DM, der Unternehmer 30 000 DM bezahlen! Vermutlich hat er das Zigfache dieses Betrages als zusätzlichen Gewinn durch die Manipulation eingesteckt.

Ein Polizist beklagt sich: «Da nur wenige Richter und Staatsanwälte fachorientiert und spezialisiert sind, wird dem Gesetz durch nachhaltige Bestrafungen nur unzureichend Nachdruck verliehen (bei Gefahrgut-Delikten liegt die Einstellungs- und Freispruchquote bei 90 Prozent). Die Gegenseite dagegen unterhält ein überwiegend von der Industrie finanziertes Vertretungsbüro mit datengespeicherten Abfragemöglichkeiten.»[12]

Im Jahresbericht des Umweltbundes wird ebenfalls auf diese Problematik eingegangen. Im Jahr 1985 wurden 12 875 Umweltschutzdelikte erfaßt. Man kann davon ausgehen, daß auch die Delikte im Zusammenhang mit Gefahrgut-Transporten hierbei erfaßt sind. Die Delikte verteilen sich auf:

8 652 Fälle der Gewässerverunreinigung	67%
2 750 Fälle umweltgefährdende Abfallbeseitigung	21%
901 Fälle des unerlaubten Betreibens von Anlagen	7%

Bei den restlichen fünf Prozent handelte es sich um Luftverunreinigung, schwere Umweltgefährdung, schwere Gefährdung durch Freisetzen von Giften.
Lärmverursachung und Gefährdung schutzbedürftiger Gebiete.[13]
Die Tendenz ist steigend:

Insgesamt erfaßte Umweltschutzdelikte:

1980	5 151	Prozent-Index: 100
1981	5 844	Prozent-Index: 113
1982	6 750	Prozent-Index: 131
1983	7 507	Prozent-Index: 146
1984	9 805	Prozent-Index: 190
1985	12 875	Prozent-Index: 249
1986	14 853	Prozent-Index: 288

Die Ursache für den kontinuierlichen Anstieg der Umweltschutzdelikte beruht, so das Umweltbundesamt, in «erster Linie auf einer Ausdehnung des gesellschaftlichen und staatlichen Kontrollverhaltens, wobei der Anstieg des Umweltbewußtseins in der Bundesrepublik Deutschland eine entscheidende Rolle spielt».[14] Eine ähnliche Entwicklung konnte man nach der Sandoz-Katastrophe bemerken: Plötzlich wurden ständig neue Umweltdelikte in der Öffentlichkeit bekannt, die es mit Sicherheit vorher auch gegeben hatte, die aber nicht zugegeben – und wohl in vielen Fällen wegen mangelnder Kontrollen auch nicht entdeckt wurden. Nach Angaben des Umweltbundesamtes ist «die Polizei ... als Hauptanzeigenerstatter in über zwei Drittel der Fälle und mit zunehmender Tendenz der entscheidende Initiator des Strafverfahrens. Die Minderheit der Delikte wird von speziell dafür ausgerüsteten Polizeibehörden registriert».[15]
Aber die Erfassung von Umweltdelikten ist nur die eine Seite, wichtiger noch ist, was eigentlich geschieht, wenn ein Delikt erfaßt ist. Bezogen auf die strafrechtlichen Folgen kommt das Umweltbundesamt nach einer Untersuchung von 1036 repräsentativ ausgewählten

staatsanwaltlichen Ermittlungsakten zu erschreckenden Ergebnissen: 75,1 Prozent der Verfahren wurden von der Staatsanwaltschaft eingestellt (demgegenüber liegt die Einstellungsquote bei «normalen» Delikten bei 29,4 Prozent). Auf der gerichtlichen Ebene wurden dann noch mal 80 Prozent der Verfahren durch Einstellung oder Freisprüche erledigt. Von 1000 angezeigten Umweltdelikten werden also gerade einmal 5 Prozent strafrechtlich belangt.

Und es geht noch weiter: «Die Höhe der verhängten Geldstrafen, Strafbefehle und Auflagen wegen geringer Schuld... bewegt sich in einem durchweg bescheidenen Rahmen, da nur in ca. 10 Prozent der Stichprobenfälle mehr als 50 Tagessätze verhängt wurden. Bei der gerichtlichen Auflage, zum Beispiel zu Schadenersatz oder Zahlung eines Geldbetrages an eine gemeinnützige Einrichtung oder ähnliches... bewegen sich 85 Prozent der Fälle im Rahmen von bis zu 1000 DM – ein Betrag, der insbesondere für industrielle Umweltsünder kaum abschreckende Wirkung haben dürfte.»[16]

Noch mal zusammengefaßt: Bei 1000 insgesamt angezeigten Delikten (bei denen die Polizei als Hauptanzeigenerstatter also davon ausgeht, daß nach ihren Ermittlungen ein strafwürdiges Verhalten vorliegt) müssen nur sieben (!) Täter damit rechnen, eine Strafe von über 1000 DM zu bekommen. Das ist wirklich fast eine Einladung.

Die Regierungspräsidenten haben eine Möglichkeit, drastisch auf Verstöße gegen die Vorschriften beim Transport gefährlicher Güter zu reagieren: Sie sind zuständig für die Erteilung einer Konzession. Und sie könnten Unternehmen, die massiv gegen die Auflagen und Vorschriften verstoßen, diese Konzession auch entziehen. Das aber geschieht nicht. Bisher jedenfalls ist in der Geschichte der Bundesrepublik noch kein Fall bekannt, wo einem Unternehmen die Konzession aus solchen Gründen entzogen wurde.

Was muß sich ändern?

Ein Jahr nach Herborn – Keine Konsequenzen

Am Tag nach Herborn war das Entsetzen über das Unglück groß. Medien, Politiker und Verbände forderten ernste Konsequenzen: FDP-Bundestagsfraktion: «Die FDP fordert bereits seit Jahren Sicherheitsvorkehrungen.»[1] CDU/CSU: «Die schweren Unfälle... müssen nunmehr ein weiterer Anlaß sein, die bestehenden Gefahrgut-Vorschriften, die Bauartrichtlinien für Tankfahrzeuge und weitere Maßnahmen für Gefahrgut-Transporte zu überprüfen.»

Die Bundestagsfraktion der GRÜNEN forderte: «Gefährliche Güter gehören auf die Schiene!», außerdem eine umfassende Verbesserung der Arbeitsbedingungen und eine Revidierung der erhöhten Lenkzeiten. Auch bei der SPD hieß es: «Für den Transport gefährlicher Güter muß vorrangig die sichere Bundesbahn genutzt werden.» Außerdem wurden Forderungen zur besseren Ausbildung der Fahrer, zum Antiblockiersystem und zur Überwachung der Gefahrgut-Transporte geäußert. Der Bundesforschungsminister blieb vage. Er hielt «eine Verbesserung der Sicherheit beim Transport gefährlicher Stoffe» für angezeigt. Für den Bundesverband des Güterfernverkehrs (BDF) schließlich galten auch weiterhin die Transporte als «im Prinzip sicher».

Der Bundesverkehrsminister verkündete bereits am Abend nach Herborn in einer Sondersendung der ZDF: «Ich werde unverzüglich den Beirat für Gefahrengüter zusammenrufen, und wir werden jede Konsequenz prüfen, die sich aus dieser Katastrophe von Herborn ergeben kann.»

In der Woche danach tagte dann tatsächlich der eilig zusammengerufene Gefahrgut-Beirat. Nach der Sitzung kündigte der Verkehrsminister verschiedene Maßnahmen und Absichten an:

– Der Bau von Ortsumgehungen soll gefördert werden,
– es soll geprüft werden, wie Benzintransporte sinnvoll auf die Schiene verlagert werden können,
– eine Tankverstärkung für Tankwagen soll eingeführt werden,

– im Herbst soll durch Gesetzesänderung die vorgeschriebene Einführung von Antiblockiersystemen eingeleitet werden,
– die Fahrtenschreiber sollen manipulationssicher werden.

Am 4. November 1987 fand in Bonn das von der *Deutschen Verkehrszeitung* organisierte Forum «Gefahrgut-Transporte» statt. Dort zogen Verbände und Politiker ein erstes Resümee nach dem Unglück von Herborn.

Für die Bundesregierung sprach der Parlamentarische Staatssekretär Dieter Schulte. Unter der Überschrift: «Gefährliche Güter müssen sicherer transportiert werden!» zeigte er vier Bereiche auf, in denen die Bundesregierung Verbesserungen für nötig hält:

1. «Der sichere Verkehrsweg», das heißt Fortsetzung der Investitionspolitik im Schwerpunkt «Bau von Ortsumgehungen» und Erstellung von Richtlinien zur Aufstellung von Straßenverkehrszeichen, die die Durchfahrt von Gefahrgut-Transporten verbieten.

2. «Das sichere Fahrzeug»: Neue Tankfahrzeuge müssen mit einer sogenannten «Bauchbinde» versehen sein. ABS (Antiblockiersystem), Bremsen und Nebelschlußleuchten sollen vorgeschrieben, automatische Geschwindigkeitsbegrenzer empfohlen werden.

3. «Qualifiziertes Personal»: Man will die Schulung, Nachschulung und Erfolgskontrolle bei den Gefahrgut-Schulungen verbessern.

4. «Gezieltere Kontrollen und wirksame Ahndungen von Verstößen»: Mit den Verkehrsministern der Länder sei abgesprochen, die Kontrollen zu intensivieren und qualitativ zu verbessern, außerdem sei vorgesehen, die Bußgelder zu erhöhen.

Außer dem Staatssekretär sprachen Vertreter der Speditionen, der Chemieindustrie, von Binnenschiffahrt und Eisenbahn und des Mineralölwirtschaftsverbandes. In keinem der Statements und Diskussionsbeiträge tauchten die Arbeitsbedingungen der Fahrer auf. Immer wieder hieß es: Die Technik ist nicht weiter zu verbessern, wir haben alles mögliche getan. Klemens Weber, Vorsitzender der Bundesverbände des Güterkraftverkehrs: «Die strenge Überwachung von Fahrzeug, Fahrer und Unternehmer stellt zudem sicher, daß Unfälle mit Gefahrgut-Transporten bereits auf ein Mindestmaß reduziert sind ... ist festzustellen, daß die Sicherheitsstandards der Bundesrepublik Deutschland im Vergleich zu anderen EG-Ländern auf höchstem Niveau liegen.» Allgemeines Fazit: einige (kleinere) Verbesserungen sind möglich, aber eigentlich nicht so dringend erforderlich. Aber im Prinzip sind die Transporte bereits so sicher, wie es geht.

Am 26. November 1987 kam in Bonn der Gefahrgut-Beirat des Verkehrsministeriums zusammen. Noch während der Gefahrgut-Beirat tagte, verließ der Verkehrsminister die Sitzung und trug der Presse seinen Maßnahmekatalog vor:

1. «In den nächsten drei Jahren werden zusätzlich sieben Millionen Tonnen besonders gefährlicher Güter von der Straße auf die Schiene und das Binnenschiff verlagert. Das sind 18 Prozent von insgesamt 38,8 Millionen Tonnen, die heute im Fernverkehr auf der Straße transportiert werden...

Der Bundesverkehrsminister wird die Initiative für einen bundesweiten Gefällstreckenatlas ergreifen. Bis 1990 werden mit einem Kostenaufwand von rund fünf Milliarden DM 140 Ortsumgehungen fertiggestellt und 140 weitere begonnen. Damit werden auch Straßentransporte mit gefährlichen Gütern weiträumig um die Ortskerne herumgeleitet...

2. Zur Verbesserung der Sicherheit der Tankfahrzeuge werden ab Mitte 1988 folgende Einrichtungen vorgeschrieben:
– automatischer Blockierverhinderer (ABV),
– automatischer Nachsteller des Bremsgestänges, damit jederzeit die volle Bremsleistung des Fahrzeugs sichergestellt ist,
– ferner wird für kofferförmige Tankfahrzeuge verbindlich vorgeschrieben, den Schwerpunkt zur Erzielung einer größeren Kippstabilität soweit als möglich abzusenken...

3. Verlader und Transportunternehmer sollen verpflichtet werden, Gefahrgut-Fahrer zusätzlich zu schulen.
– Stückgut-Fahrer sollen erstmalig in Schulungsprogramme für Gefahrgut-Transporte miteinbezogen werden.
– Die vorgeschriebenen Schulungsprogramme sollen praxisnäher ausgerichtet werden und der Zeitraum für die Wiederholung der Prüfung von fünf auf drei Jahre verringert werden.
– Für Ausbilder und Ausbildungsstätten sollen Anforderungen an die Qualität festgelegt und die Prüfungen verschärft werden.
– Schwere Verstöße gegen die Straßenverkehrsvorschriften sollen beim Transport gefährlicher Güter mit höheren Bußgeldern geahndet werden.
– In den beim Gefahrgut-Transport beteiligten Unternehmen sollen künftig Gefahrgut-Beauftragte bestellt werden...»[2]

Das also sind die Konsequenzen aus Herborn, die Maßnahmen, die zukünftig den Transport gefährlicher Güter absolut sicher machen sollen. Sicher, es finden sich wichtige und zu begrüßende Maßnahmen darunter, wie die beabsichtigte weitere Verlagerung auf die Schiene und das Binnenschiff. Auch die technischen Veränderungen sind sinnvoll. Bei der beabsichtigten zusätzlichen Schulung, der Einbeziehung der Stückgut-Fahrer und der Qualität der Prüfungen wird sich erst in den näheren Bestimmungen prüfen lassen, ob es sich nur um kosmetische Maßnahmen handelt oder ob der Verkehrsminister wirklich grundlegende Verbesserungen – notfalls auch gegen die Unternehmer – durchsetzen will.

Die ÖTV hob «lobend hervor, daß auf massiven Druck der ÖTV und gegen den Widerstand der Unternehmer der von der Gewerkschaft seit Jahren geforderte Gefahrgut-Beauftragte in den Betrieben eingeführt werden soll. Gleichwohl kritisierte er (Eike Eulen, Mitglied des geschäftsführenden Hauptvorstandes der ÖTV, d. V.), daß in Kleinbetrieben der Unternehmer sich selber zum Gefahrgut-Beauftragten ernennen könne und damit ein wesentlicher Schwachpunkt in dieser Kontrollpraxis bleibe.» Die ÖTV bezeichnete die Vorschläge des Ministers als «winzigen, aber völlig unzureichenden Schritt».[3] Denn am Hauptproblem gehen die vorgeschlagenen Maßnahmen vorbei: Kein Wort zu Arbeitszeiten, Lenkzeiten und Arbeitsbelastungen der Fahrer. «Ohne verstärkte Betriebskontrollen über Einsatz und Arbeitszeiten der Fahrer können Katastrophen nicht wirksam verhindert werden. Wer seinen Fahrer rasen läßt, dem gehört die Konzession entzogen!»[4]

Insgesamt also eine recht dürftige Bilanz: Einige begrüßenswerte Ansätze, viel Augenwischerei. Die Arbeitsbedingungen der Fahrer gerieten den Verantwortlichen noch nicht einmal als Problem ins Blickfeld. Es bleibt zu hoffen, daß sich hier in absehbarer Zeit etwas ändert. Sonst ist die nächste Katastrophe beim Transport gefährlicher Güter schon abzusehen.

Szenario 1998 – Freie Fahrt durch ganz Europa?

Bereits am 4. Februar 1987, am Tag nach der Ausstrahlung meiner Fernsehreportage, tickerte der Pressesprecher des Bundesverbands des Güterfernverkehrs, der frühpensionierte Ex-Bundeswehroffizier Kownatka, eine Stellungnahme durch den Fernschreiber. Darin heißt es: «Der von Schomers verfaßte Bericht entspricht nicht der Realität. Er könnte allerdings Realität werden, wenn es nicht gelingt, bis 1992 eine europäische Verkehrsmarktordnung zu schaffen, die eine ungesteuerte und ungelenkte Zulassung, vor allem von ausländischen Lkw auf unseren Straßen verhindert und die besonders hohen Anforderungen an den Umweltschutz, die technischen Standards inklusive Verkehrssicherheit und die fachliche Qualifikation des Personals stellt.»

Bundesminister Warnke setzte in der erwähnten Sondersendung des ZDF wider besseres Wissen noch eins drauf: «Die Bundesregierung ist auf dem Gebiet der Sicherheitsvorschriften, der Sozialvorschriften, der Lenkzeiten in der Europäischen Gemeinschaft ebenso wie auf dem Gebiet der Gefahrgut-Sicherheit diejenige Regierung, die die Sicherheit am weitesten faßt und die ... die schärfsten Vorschriften hat. Und deshalb bin ich der Meinung, wenn jetzt EG-einheitlich eine solche Regelung gefunden worden ist, müssen wir dafür Sorge tragen, daß sie nicht durch andere unterlaufen wird ... Das wird das Ziel sein unserer Einwirkung innerhalb der Europäischen Gemeinschaft.»

Und deshalb, möchte man hinzufügen, hat die Bundesregierung auch zur Verbesserung der Sicherheit mitgewirkt an der Erhöhung der Lenkzeiten in der EG-Sozialvorschrift 3820 von 48 auf 56 Stunden wöchentlich!

Die Bundesregierung, die sie tragenden Parteien und die Unternehmerverbände arbeiten mit Volldampf an einer Neuregelung des europäischen Marktes. «Harmonisierung» und «Liberalisierung» sind die Stichworte, unter denen ab 1992 ein einheitlicher gemeinsamer

Verkehrsmarkt entstehen soll. Wenn es nach der Industrie geht: Ohne Grenzen, ohne innerstaatliche Marktzugangs- und Preisregelungen, wenn es nach den kleinen Fuhrunternehmern geht mit möglichst viel nationalen Schutzgesetzen, um ihre Profite zu sichern.

Wenn man sich einmal ausmalt, wie die Situation in zehn Jahren aussehen könnte und davon ausgeht, daß die schlimmsten Befürchtungen eintreffen, ergibt sich folgendes Bild:

1998: Der einheitliche «offene» EG-Markt ist bereits seit 1992 hergestellt. Grenzen und Grenzkontrollen sind in den Ländern der EG weggefallen. Da die Frachttarife nicht mehr einheitlich festgelegt sind, sind die Preise in den letzten Jahren stark gefallen. Kein Wunder, denn auf dem europäischen Markt bieten sich Tausende von selbständigen Unternehmern mit eigenen Lkw an. Diese «Unternehmer» sind ehemalige angestellte Fahrer, die von ihren Firmen gezwungen wurden, ihren Lkw selber zu kaufen und sich selbständig zu machen. Vor die Alternative gestellt: entweder arbeitslos oder Subunternehmer, fahren sie jetzt unter totaler Selbstausbeutung, zu minimalen Preisen, denn jeder ist froh, überhaupt eine Tour zu bekommen. Arbeitszeiten von mehr als hundert Stunden in der Woche sind durchaus normal.

Mitbestimmungsmöglichkeiten und damit zum Beispiel der Schutz eines Betriebsrates existieren für die «Unternehmer» nicht mehr. Jeder ist auf sich allein gestellt und muß für sich allein kämpfen. Die technischen und sicherheitsmäßigen Mindestanforderungen sind nicht mehr gewährleistet, denn die Subunternehmer haben keine Zeit und kein Geld für Reparaturen oder den Einbau von Sicherheitseinrichtungen. Draußen vor der Tür stehen hundert Konkurrenten, die für das gleiche Geld oder sogar billiger fahren.

Die mittelständischen Unternehmen haben im wesentlichen den mörderischen Konkurrenzkampf Anfang der neunziger Jahre nicht überstanden. Nur noch in einzelnen, speziellen Bereichen, die für die großen Transportkonzerne nicht lukrativ sind, weil sie sich nicht durchrationalisieren lassen, existieren einzelne mittelständische Speditionen. Der Transportmarkt ist in den Händen von einigen wenigen großen Transportkonzernen, die bereits vor zehn Jahren mit dem Aufbau europaweiter Datennetze begonnen haben. Schon Ende der achtziger Jahre waren die großen Netzwerke in Europa und damit die Voraussetzungen für die logistische Optimierung der Gütertransportketten abgeschlossen. Diese Transportkonzerne haben heute den Transportmarkt fest unter ihrer Kontrolle. Die großen Fuhrparks der

Vergangenheit sind weitgehend aufgelöst, die Konzerne bieten die logistische Vernetzung, den Transport der Waren übernehmen kleine Subunternehmer.

EG-weit wurde der freie Marktzugang hergestellt, das heißt jeder, der einen Lkw besitzt, kann sich für Transporte anbieten. Das gilt auch für den Gefahrgut-Bereich. Alle nationalen Zulassungen und Genehmigungen gelten in allen Ländern der EG. Allerdings sind die nationalen Kriterien für die Erteilung sehr unterschiedlich. Für den Gefahrgut-Schein zum Beispiel oder für die Gefahrgut-Zulassung eines Tankwagens gelten höchst unterschiedliche Voraussetzungen in den einzelnen Ländern. Der Sicherheitsstandard der Gefahrgut-Transporte ist somit in keiner Weise einheitlich und von der Polizei in den einzelnen Ländern auch kaum noch zu kontrollieren. Das gilt ebenfalls für die ja bereits 1986 erhöhten Lenkzeiten. Im Bereich der chemischen Produktion werden immer mehr Fälle bekannt, wo chemische Stoffe, deren Gefahrenpotentiale nicht ausreichend bekannt sind, irgendwo in der EG angemeldet werden (nämlich dort, wo die Zulassungskriterien am geringsten sind) und mit dieser Zulassung international transportiert werden.

Stellen wir uns vor, wie der Autobahnpolizist bei einer Kontrolle vom türkischen Fahrer eines Tankwagens mit niederländischem Nummernschild und der Firmenaufschrift eines britischen Transportkonzerns die Papiere vorgelegt bekommt. Die Tankwagenzulassung ist in Irland ausgestellt, der Lieferschein in Italien, die Produktzulassung des chemischen Stoffes in Spanien. Die Rechnung kommt aus Belgien, die Gefahrgut-Prüfung des Tankwagens erfolgte in Griechenland. Dazu legt der Fahrer seinen türkischen Führerschein und einen Gefahrgut-Schein aus Dänemark vor. Bei der Nachfrage nach dem Produkt erfährt der Polizist, daß die chemische Produktzulassung in Italien erfolgte. Mehr aber ist über das Produkt und seine Gefährlichkeit nicht herauszubekommen.

Insgesamt also bietet sich ein katastrophales Bild: Einige wenige internationale Transportkonzerne lenken den Markt und setzen Tausende von kleinen Subunternehmern für den Transport ein, die sich unter totaler Selbstausbeutung zu billigsten Preisen anbieten müssen. Transporte und Zulassungen sind kaum noch zu kontrollieren. In Europa ist der «Krieg auf der Straße» ausgebrochen, bei dem jeder gegen jeden kämpft. Noch ist dieses Szenario keine Wirklichkeit. Heute, Mitte 1988, ist noch nicht klar, in welche Richtung die Entwicklung gehen wird.

Versuchen wir, uns einmal ein entsprechendes positives Szenario vorzustellen. Was müßte sich ändern im Interesse der Fahrer und der Bevölkerung, um die Arbeitsbedingungen und die Sicherheit der Gefahrgut-Transporte entscheidend zu verbessern?

Die gesetzlichen Regelungen zum Gefahrgut-Transport müssen so geändert werden, daß eine erhebliche Verlagerung von der Straße auf die Schiene – zumindest bei den hochgefährlichen Stoffen – stattfindet. Die Chemieindustrie muß gezwungen werden, hochgiftige Chemikalien nach Möglichkeit dort zu produzieren, wo sie auch gebraucht werden, damit die entscheidende Schwachstelle «Transport» wegfällt. Wenn überhaupt, dann dürfen solche Transporte nur mit Einzel-Sondergenehmigung und unter entsprechenden Sicherheitsbedingungen durchgeführt werden. Der Transport von Listengütern muß von der Polizei gesichert werden, zumindest müssen Polizei und Feuerwehr jederzeit Informationen haben über die Gefahrgut-Transporte, die gerade durch ihren Zuständigkeitsbereich fahren.

Bezogen auf die Transportbedingungen müßte zunächst einmal generell der Marktzugang für Gefahrgut-Transporte geregelt sein. Nur qualifizierte Fachspeditionen dürfen diese Transporte durchführen, deren Betriebsgröße auch gewährleistet, daß der Sicherheitsstandard eingehalten wird. Eine bestimmte Betriebsgröße garantiert auch die Einhaltung der Bestimmungen des Betriebsverfassungsgesetzes und die Mitbestimmung der Arbeiter und Angestellten. Dann kann auch die Übergabe von immer mehr Transporten an Subunternehmer verhindert werden. Längere Strecken werden grundsätzlich mit Zwei-Mann-Besatzungen gefahren. Die Einhaltung der Tarifbestimmungen (einschließlich Überstunden- und Feiertagsregelungen) ist durch entsprechende Kontrollen gewährleistet, und die Fahrer kommen in den Genuß aller Sozialleistungen, die in größeren Betrieben üblich sind. Außerdem können die Touren innerhalb eines größeren Unternehmens besser disponiert werden. Damit kann erreicht werden, daß die Fahrer erstmals ihre Freizeit einigermaßen planen können.

Größere Firmen sind auch in der Lage, den notwendigen technischen Sicherheitsstandard zu gewährleisten. So kann in der Perspektive auch durchgesetzt werden, daß nur qualifiziert ausgebildete Berufskraftfahrer Gefahrgut fahren dürfen. Nach einer Übergangsregelung könnte das (wie es zum Beispiel in den Niederlanden bereits Realität ist) allgemein gelten: Wer Lkw fahren will, muß Berufskraftfahrer sein und in einer dreijährigen Lehrzeit eine umfassende theoretische und praktische Ausbildung durchlaufen, zu der auch eine

eine gründliche Ausbildung im Gefahrgut-Bereich gehört. Durch diese Anhebung der Qualifizierung wird auch erreicht, daß die Lkw-Fahrer als qualifizierte Facharbeiter mit Facharbeiterlöhnen angesehen werden.

Wohin die Zukunft geht, ist noch völlig offen. Werden die Fernfahrer in der Zukunft als Facharbeiter in größeren, qualifizierten Fachspeditionen mit erheblich verbesserten Arbeitsbedingungen auch bei den Gefahrgut-Transporten arbeiten oder als rechtlose Trucker in einem «freien Europa der Unternehmer» sich gegenseitig immer weiter unterbietend für jeden Preis rund um die Uhr fahren? Werden die Sicherheitsbedingungen sich grundlegend verbessern können oder ist das Chaos auf unseren Straßen vorprogrammiert? Die Auseinandersetzungen in der Europäischen Gemeinschaft über die Herstellung des gemeinsamen Marktes und die verkehrspolitischen Regelungen sind in vollem Gange. Im Augenblick kommt es darauf an, daß die politischen Forderungen und die Konsequenzen bestimmter politischer Entscheidungen öffentlich diskutiert werden.

Politische Perspektiven

Neben einer Verbesserung der Transportbedingungen auf allen hier genannten Ebenen ist aber auch eine wesentliche Verringerung der Gefahrgut-Transporte auf der Straße nötig. Sie kann nur Folge neuer Weichenstellungen in der Verkehrs- und Chemiepolitik sein.

Verkehrspolitik

Immer wieder wird die Forderung nach einer Verlagerung von mehr gefährlichen Transporten auf die Schiene in der Öffentlichkeit laut. Am 27. August 1987 legte die SPD-Bundestagsfraktionen einen Zehn-Punkte-Katalog vor. Darin heißt es unter anderem: «Die Verkehrsträger Schiene oder Wasserstraße sind sicherer als die Straße. Beide sind deshalb für den Transport gefährlicher Güter verstärkt zu nutzen. Mit diesem Ziel ist §7 der Gefahrgut-Verordnung Straße (grundsätzliches Verbot des Straßentransports für besonders gefährliche Güter) zu erweitern.»[5] Die Entwicklung der Bundesbahn muß in diesem Zusammenhang kritisch geprüft werden. Es ist kein Wunder, daß die Deutsche Bundesbahn keine großen Erfolge in der geäußerten Absicht hat, mehr Transporte von der Straße auf die Schiene zu ziehen, wenn ihre Möglichkeiten attraktiver Angebote immer weiter abnehmen. Bis Ende 1989 sollen von den vorhandenen 3900 Abfertigungspunkten ca. ein Drittel, nämlich 1266 (!) wegfallen. Damit werden die Anfahrtswege erheblich länger. Die Wettbewerbsfähigkeit der Straße gegenüber wird erheblich reduziert. Unter diesen Bedingungen darf man sich nicht wundern, wenn kein Spediteur freiwillig seine Transporte auf die Bahn gibt. Solche Entwicklungen müssen rückgängig gemacht werden.

Doch es geht nicht nur um die Verlagerung gefährlicher Transporte weg von der Straße. Eine vernünftige Verkehrspolitik würde auch die

Anzahl gefährlicher Transporte insgesamt reduzieren. Denn ein beträchtlicher Teil der Tanklastwagen karrt Motorkraftstoffe für den Individualverkehr durchs Land – so wie der Unfall-Lkw von Herborn. Eine Verbesserung des öffentlichen Nahverkehrs, der Anreiz für jeden einzelnen, aus dem eigenen Wagen auf die Schiene oder den Bus umzusteigen, könnte den Treibstoffverbrauch erheblich reduzieren – und das hätte noch andere, weithin bekannte Vorteile. Statt dessen werden Straßen gebaut, wo immer Platz dafür ist.

Chemiepolitik

NRW-Innenminister Schnoor wies in einer Pressekonferenz darauf hin, daß in einem Industrieland wie der Bundesrepublik Deutschland «immer ein chemisches Restrisiko bleibt. Aber ich appelliere an die chemische Industrie zu überprüfen, ob wir jede hochgiftige Chemikalie wirklich produzieren und transportieren müssen, nur weil sie ein paar Pfennige billiger als eine weniger giftige Ersatzchemikalie ist. Verantwortung gegenüber der Allgemeinheit muß hier heißen, auch einmal NEIN zu sagen.»[6]

Chemie birgt besondere Gefahren, die nicht mit den Gefahren anderer Industrieproduktionen vergleichbar sind. Tausende der hier produzierten Substanzen und Zwischenprodukte sind für den Menschen giftig und für die Umwelt schädlich. Die heutige Chemieproduktion vergiftet langsam, aber sicher die Welt. Es ist naheliegend, daß im Rahmen dieses Buches chemiepolitische Alternativen nur angerissen werden können. Einige grundlegende Gedanken sollen gleichwohl vorgestellt werden.

Die Grundmaximen der Zukunft müssen lauten: Keine Herstellung überflüssiger Chemieprodukte, Umstieg auf weniger gefährliche Alternativen, Änderung der Verbrauchsgewohnheiten, insgesamt weniger Chemie. Dazu eine Reihe von Beispielen:

Pflanzenbehandlungsmittel: Die Verwendung von Pestiziden, Fungiziden und Herbiziden ist die einzige gezielt vorgenommene Verteilung von Giften in der Umwelt. 1986 wurden in der BRD 30 000 Tonnen Pflanzenbehandlungsmittel verbraucht. Zugleich werden Tausende von Tonnen landwirtschaftlicher Erzeugnisse vernichtet. Ein Großteil dieser Mittel ist weitgehend überflüssig, die verwendeten Mengen dienen häufig ausschließlich dem Absatz der Chemieindustrie, den Ertrag vermögen sie kaum zu steigern. Ein weiteres Problem: Nach wie vor werden Pestizide, die in der Bundesrepublik seit langem wegen ihrer Umweltgefährlichkeit verboten sind, auch von deutschen Chemiefirmen in und für Länder der Dritten Welt produziert. Ein Verbot solcher Produktionen ist längst überfällig.

Kunststoffe: Die Verpackungen der Waren, die wir in den Geschäften kaufen, werden immer aufwendiger. Ebenso riesige wie unnötige Müllberge werden produziert, deren Entsorgung die öffentlichen Kassen und die Umwelt belastet. Diese Verpackungen sollten auf das Wesentliche reduziert werden. Im übrigen: Auch heute noch erfüllen Glasflaschen wunderbar ihren Zweck. Der Einsatz bestimmter Kunststoffe sollte möglichst bald weitgehend eingeschränkt werden. Das betrifft zum Beispiel PVC, denn PVC ist Chlorzwischenlager für die chemische Industrie. Das Vorprodukt ist krebserregend. Oder auch Polyurethan, das über das hochgiftige Phosgen produziert wird und damit ein großes Produktionsrisiko birgt.

Waschmittel: Zumindest auf die hochgepriesenen Weichspüler sollte man ganz verzichten. Ansonsten gilt das Motto: Verbrauch die Hälfte. Denn auch mit weniger als den von den Herstellern empfohlenen Mengen läßt sich trefflich waschen.

Die Liste solcher Beispiele, auch aus dem Alltagsleben jedes einzelnen, ließe sich immens verlängern. Man denke nur an den Arzneimittelverbrauch oder den Einsatz von Kosmetika.

Ein grundlegendes Umdenken von Öffentlichkeit, Politikern und auch der Industrie ist nötig. Jede Tonne chemischer Substanz, die nicht produziert, verbraucht, verkauft wird, braucht auch nicht transportiert zu werden. Mehr noch: auch die Vorprodukte sind überflüssig. So würde sich die Produktions- und damit auch die Transportmenge erheblich verringern. Und dies wäre nur einer der Vorteile eines anderen Umgangs mit der Chemie.

Jede effektive Gesetzesnovellierung, jedes Verbot von Chemikalien, aber auch jede freiwillige Selbsteinschränkung der Chemieindustrie und nicht zuletzt jeder Verzicht auf seiten der Verbraucher sind Entwicklungen in diese Richtung, Etappen auf dem Weg zu einer *«risikormen Chemie»*.

Eine Zusammenfassung und vor allem einen Ausblick zu geben, wie sich die Bedingungen verändern, unter denen Gefahrgut-Transporte durchgeführt werden, ist kaum möglich. Die öffentliche Diskussion ist in vollem Gange und der Stand der Dinge ändert sich laufend. Die

Bevölkerung hat ein grundlegendes Interesse an der Erhöhung der Sicherheit der Transporte gefährlicher Güter – und dazu gehört vor allem die Verbesserung der Sicherheits- und Arbeitsbedingungen der Fahrer. Um den gegenwärtigen Diskussionsstand wiederzugeben, werden im Anhang der Forderungskatalog des DGB und das im August 1987 vorgelegte Zehn-Punkte-Programm der SPD dokumentiert.

Wirksamen Veränderungen zum Besseren stehen sowohl im Bereich des Transports gefährlicher Güter als auch in der Chemiindustrie mächtige Interessen entgegen. Entscheidend wird sein, was eine problembewußte Öffentlichkeit, verantwortungsbewußte Politiker und Gewerkschaften und nicht zuletzt die Fernfahrer selbst dem entgegensetzen können.

Anhang

Deutscher Gewerkschaftsbund
Erforderliche Maßnahmen zur Verbesserung der Sicherheit von Gefahrgut-Transporten

Zur Verbesserung der Sicherheit von Gefahrgut-Transporten ist ein Bündel von Maßnahmen erforderlich. Dieses umfaßt sowohl Vorkehrungen zur Verringerung des Risikos des jeweiligen Transportvorgangs als auch Schritte zur Verringerung des Gefährdungspotentiales durch den verstärkten Einsatz von Verkehrssystemen mit hohem Sicherheitsniveau. Das bisherige Vorgehen, sich weitgehend auf die Verringerung des «Restrisikos» des einzelnen Transports zu konzentrieren, ist unzureichend. So notwendig Verbesserungen auf diesem Gebiet sind, so sind sie dennoch kein Ersatz für ein vorausplanendes Handeln zur Verringerung des gesamten Gefährdungspotentials der Gefahrgut-Transporte.

Der Deutsche Gewerkschaftsbund (DGB) fordert Maßnahmen zur Verbesserung der Sicherheit insbesondere auf folgenden Gebieten:

1. Fahrerschulung

– *Ausbildung zum geprüften Berufskraftfahrer*

Angesichts der immer größer und schneller werdenden Lastkraftfahrzeuge, der zunehmenden Verkehrsdichte sowie des hohen Gefährdungspotentials vieler Gefahrgut-Transporte sind an die hierbei eingesetzten Lastkraftwagenfahrer erhöhte Anforderungen zu stellen. Die bisherige Voraussetzung (Führerschein Klasse 2 und GGVS-Schein) reichen nicht aus. Der DGB fordert daher, als zwingende Voraussetzung für die Fahrerqualifikation die Ausbildung zum geprüften Berufskraftfahrer vorzuschreiben.

Auf diese Weise wäre auch die Ausweitung der Ausbildung auf praktische Fahrversuche und den Umgang mit Gefahrgut erreicht, da dies Teil der bestehenden Ausbildung zum Berufskraftfahrer ist. Die vom Bundesminister für Verkehr noch vor zwei Jahren in seiner Antwort auf die Kleine Anfrage der Fraktion der SPD «Transport gefährlicher Güter» (Drucksache 10/3745) zum fahrtechnischen Gefahrentraining vertretene Auffassung, «eine solche Schulung (bringe) keinen nennenswerten Sicherheitsgewinn» ist durch die Unfälle der letzten Zeit eindeutig widerlegt worden.

Kürzere Fristen für die Wiederholung der Prüfung zum Erwerb des GGVS-Scheins stellen keine wesentliche Verbesserung des Sicherheitsniveaus dar. Sie können die erforderliche umfassende Fahrerschulung nicht ersetzen.

– *Stückgut-Fahrerschulung*

Der DGB und die im Gefahrgut-Verkehrsbeirat vertretenen Gewerkschaften fordern seit langem die Einführung einer gesonderten Schulung der Gefahrgut-Transporte durchführenden Stückgut-Fahrer. Dies wäre ein erster Schritt. Auch im Stückgut-Bereich sollten Gefahrgut-Transporte nur von geprüften Berufskraftfahrern durchgeführt werden dürfen.

2. Verbesserung der Sicherheit der Tankfahrzeuge

– *Verkürzung der Umrüstfrist*

Eine Verkürzung der Umrüstfrist für im Betrieb befindliche Tanks von fünf auf drei Jahre wird vom DGB begrüßt.

– *Technische Vorkehrungen zur Begrenzung der Geschwindigkeit*

Wie Verkehrskontrollen der Polizei ergeben, wird die bestehende gesetzliche Höchstgeschwindigkeit von 60 km/h auf Außerortsstraßen und von 80 km/h auf Autobahnen auch von mit gefährlichen Gütern beladenen Tankfahrzeugen häufig überschritten. Diese Praxis kann angesichts des im Polizeibereichs bestehenden Personalmangels nicht durch wesentlich vermehrte Kontrollen eingedämmt werden. Hinzu kommt die gegenseitige Warnung der Lkw-Fahrer per Funk über Radarkontrollen der Polizei, die lediglich zur Geschwindigkeitsverringerung im Kontrollbereich führen. Der DGB spricht sich daher für den zwingend vorgeschriebenen Einbau technischer Vorkehrungen zur Begrenzung der Höchstgeschwindigkeit aller Gefahrgüter transportierenden Lastkraftwagen aus.

– *Konstruktive Maßnahmen zur Verbesserung der Sicherheit von Tankfahrzeugen*

Die im Rahmen der Entwicklung des TOPAS-Fahrzeugs gewonnenen Erkenntnisse über konstruktive Maßnahmen zur Verbesserung der Sicherheit von Tankfahrzeugen (niedriger Schwerpunkt etc.) sind kurzfristig in verbindliche Bauvorschriften umzusetzen.

– *Einführung von Automatischer-Blockier-Verhinderung*

Die Einführung von ABV-Bremssystemen wird vom DGB seit längerem gefordert. Es dürfen jedoch nur solche Systeme technisch zugelassen werden, die bei einem Ausfall der Elektrik ihre volle «konventionelle» Bremskraft behalten.

– *Technische Vorkehrungen zur Verhinderung von Überladungen*

Wie von österreichischen Stellen auf der Brenner-Autobahn vorgenommene Kontrollen der tatsächlichen Gesamtgewichte von Tankfahrzeugen ergeben haben, sind diese sehr häufig überladen. Diese Praxis wird durch die derzeitige Regelung begünstigt, wonach Gewichtsüberschreitungen von bis zu

5 Prozent, d. h. von bis zu zwei Tonnen, nicht beanstandet und Gewichtsüberschreitungen von 5 bis 10 Prozent, d. h. von zwei bis vier Tonnen, nur als geringfügige Ordnungswidrigkeit behandelt werden. Diese ursprünglich auf Sand- und Kiestransporte zugeschnittene Regelung hat bei Flüssigkeitstransporten keinerlei Berechtigung. Hierbei ist die in das Fahrzeug eingefüllte Menge genauestens bekannt. Überladungen werden in diesen Fällen vorsätzlich vorgenommen.

Durch technische Vorkehrungen ähnlich der Überfüllsicherung bei stationären Tanks ist bei allen Gefahrgüter transportierenden Tankfahrzeugen eine Überladung auszuschließen.

– *Kurzwegschreiber zur Rekonstruktion von Unfällen*

Da bei Tankfahrzeugunfällen die gesetzlich vorgeschriebenen Tachoscheiben häufig vernichtet werden, sollte zur besseren Rekonstruktion von Unfällen eine «black box», in der alle relevanten Daten unfallsicher gespeichert werden, in allen Tankfahrzeugen zwingend verlangt werden.

3. Administrative Maßnahmen

– *Einführung eines Gefahrgut-Beauftragten*

Auf Initiative der DGB-Vertreter im Gefahrgut-Verkehrsbeirat ist diese Frage in einer Unterkommission erörtert und ein entsprechender Vorschlag erarbeitet worden. Die Industrie- und Gewerbevertreter im Beirat haben diesen einvernehmlich zustande gekommenen Vorschlag abgelehnt.

Es ist bedauerlich, daß der Bundesminister für Verkehr bisher die auch vom Bundesrat geforderte Einführung eines Gefahrgut-Beauftragten in allen betroffenen Transportunternehmen nicht aufgegriffen und keine entsprechenden Vorschriften erlassen hat.

– *Konzessionierung für Gefahrgut-Transportunternehmer*

Diese von den DGB-Vertretern im Gefahrgut-Verkehrsbeirat vor über zwei Jahren geforderte Maßnahme ist im Beirat sowohl von den Industrie- und Gewerbevertretern als auch vom Bundesverkehrsministerium abgelehnt worden. Der DGB ist nach wie vor der Auffassung, daß an Gefahrgut-Transporte durchführende Unternehmen erhöhte Anforderungen hinsichtlich ihrer Zuverlässigkeit zu stellen sind und daher eine besondere Konzessionierung erforderlich ist. Bei wiederholten Verstößen gegen geltende gesetzliche Bestimmungen (Lenkzeiten, Überladung, technischer Zustand der Fahrzeuge) ist die Erlaubnis, Gefahrgut-Transporte durchzuführen, zu widerrufen.

Zweck der gesonderten Konzessionierung ist die Ausschaltung all der Unternehmen, die Gefahrgut-Transporte nur sehr selten durchführen und daher über die hierfür notwendigen Kenntnisse nicht in ausreichendem Maße verfügen.

– Verstärkung der Betriebskontrollen

So notwendig eine Verstärkung der Betriebskontrollen ist, so wenig hilfreich jedoch der Hinweis hierauf angesichts der völlig unzureichenden Personalausstattung in diesem Bereich. Ohne eine Personalaufstockung in den Behörden der Länder bedeutet die Forderung nach verstärkten Betriebskontrollen reine Augenwischerei.

Eine in der Kompetenz des Bundes liegende Möglichkeit, die Betriebskontrollen zu verstärken, besteht in einer Ausweitung der Kompetenz der Bundesanstalt für den Güterfernverkehr. Ihr ist es zur Zeit nur bei Straßenkontrollen, nicht aber bei den von ihr ebenfalls durchgeführten Betriebskontrollen erlaubt, die Einhaltung der Rechtsvorschriften über die Beförderung gefährlicher Güter auf der Straße zu kontrollieren. Der DGB fordert daher, in § 54 Abs. 2 Nr. 3 des Güterkraftverkehrsgesetzes den letzten Halbsatz «soweit diese Überwachung im Rahmen der Maßnahmen nach § 55 Abs. 1 Nr. 4 durchgeführt werden» ersatzlos zu streichen.

– Beifahrpflicht

Die Einführung der Beifahrpflicht bei Gefahrgut-Transporten wird vom DGB nachhaltig begrüßt. Es muß sich dabei nicht um eine unqualifizierte Begleitperson, sondern um einen ausgebildeten Fahrer handeln.

– Revision der EG-Sozialvorschriften

Die bereits gesammelten Erfahrungen mit den neuen EG-Sozialvorschriften für den Straßenverkehr (Verordnung [EWG] 3820/85) bestätigen die vom DGB von Anfang an geäußerte Befürchtung, daß ihre Einhaltung bei Straßenkontrollen nur noch in ganz wenigen Fällen überprüfbar ist. Da Betriebskontrollen im Inland nur in sehr geringem Umfang und in vielen Nachbarländern praktisch überhaupt nicht vorgenommen werden, hat die neue EG-Sozialvorschrift zu einer weiteren nachhaltigen Verschlechterung der Arbeitsbedingungen des Fahrpersonals und wegen der zunehmenden Übermüdung zu einer Verschlechterung der Verkehrssicherheit geführt.

Der DGB fordert eine schnelle Revision der VO(EWG) 3820/85. Er weiß sich dabei mit dem deutschen Verkehrsgerichtstag einig.

– Unbegrenzte Haftungshöchstgrenzen

Wie die Bundesregierung in ihrer Antwort auf die Kleine Anfrage der Fraktion der SPD «Transport gefährlicher Güter» (DS 10/3745) ausgeführt hat, ist im Straßenverkehr die verschuldensunabhängige Haftung im Fall der Tötung oder Verletzung mehrerer Menschen durch dasselbe Ereignis begrenzt auf einen Kapitalbetrag von insgesamt 750 000 DM oder einem Rentenbetrag von jährlich 45 000 DM. Für Sachschäden wird nur bis zu 100 000 DM gehaftet. Lediglich bei den Beförderungen von besonders gefährlichen Gütern («Listengütern») wird über die allgemeine Pflichtversicherung hinaus der Abschluß einer zusätzlichen Versicherung über 5 Mio. DM je Schadensereignis zur Auflage gemacht. Dies ist, wie der Umfang des Schadens in Herborn gezeigt hat, völlig unzureichend.

Gleiches gilt für den Bereich der Binnenschiffahrt. Hier ist in den Fällen des nautischen Verschuldens die Haftung des Schiffseigentümers auf das Schiffsvermögen (Schiff und Fracht) begrenzt. Auch hier würde ein Unfall, der die Abschaltung der Wasserwerke am Rhein erforderlich machen sollte, zu erheblich höheren Schäden führen.

Der DGB fordert, bei allen Gefahrgut-Transporten umgehend nicht nur bei schuldhaft-rechtswidrigem Verhalten, sondern auch bei der verschuldensunabhängigen Haftung aus Betriebsgefahr die unbeschränkte Haftung einzuführen.

– *Verkehrsverlagerung von der Straße auf Schiene und Wasserstraße*

Der DGB bedauert, daß der Bundesminister für Verkehr in dieser Frage bis vor kurzem eine ablehnende Haltung eingenommen hat. So wurde noch vor zwei Jahren in der o. g. Kleinen Anfrage auf die Frage nach dem Gefährdungspotential häufiger Gefahrgut-Transporte auf der Straße geantwortet: «Die Beachtung der Gefahrgut-Vorschriften stellt sicher, daß die Allgemeinheit durch die Beförderung gefährlicher Güter nicht gefährdet wird.»

Diese Aussage war schon damals nicht haltbar. Das Unglück von Herborn sollte nun Anlaß sein, die bisherige Sicherheitsphilosophie zu revidieren.

Der DGB fordert, daß all die Unternehmen, die in erheblichem Umfang mit Gefahrgütern beliefert werden und nicht über einen Gleis-, Wasserstraßen- oder Pipelineanschluß verfügen, von der Bundesregierung veranlaßt werden, einen solchen Anschluß herzustellen und sobald dieser geschaffen ist, ihn auch zu benutzen.

Darüber hinaus ist die im Entwurf der 1. Änderungsverordnung zur Gefahrgut-Verordnung Straße (GGVS) in § 7 Abs. 3 vorgesehene Beschränkung auf Güter der Liste I aufzugeben und den Huckepackverkehr sofort und nicht erst ab 1991 in die Verordnung aufzunehmen.

Der DGB fordert, in § 7 Abs. 3 der GGVS Satz 2 durch die folgenden Sätze 2, 3 und 4 zu ersetzen:

> «Die Erlaubnis für Güter der Liste I sowie für entzündbare Flüssigkeiten der Klassen A I und A II ist zu verwehren, wenn Versender und Empfänger über einen Gleisanschluß verfügen. Die Erlaubnis ist auf die Beförderung zum und vom nächst gelegenen geeigneten Bahnhof oder Hafen zu beschränken, wenn das gefährliche Gut in Tankcontainern oder Großcontainern verladen werden soll, die gesamte Beförderungsstrecke im Geltungsbereich dieser Verordnung mehr als 200 km beträgt und der Container auf dem größeren Teil dieser Strecke mit der Eisenbahn oder dem Schiff befördert werden kann. Die Erlaubnis ist auf die Beförderung zum und vom nächst-gelegenen geeigneten Bahnhof zu beschränken, wenn das gefährliche Gut in Straßenfahrzeuge verladen werden soll und im kombinierten Ladungsverkehr («Rollende Landstraße» oder Huckepackverkehr) befördert werden kann, die gesamte Beförderungsstrecke

im Geltungsbereich dieser Verordnung mehr als 200 km beträgt und das Straßenfahrzeug auf dem größeren Teil dieser Strecke mit der Eisenbahn befördert werden kann.»

4. Straßenbauliche Maßnahmen

Der DGB unterstützt die beschleunigte Beseitigung von Unfallschwerpunkten im Straßennetz und den Bau von Ortsumgehungen. Diesen Maßnahmen ist Vorrang vor dem weiteren Ausbau des Straßennetzes zu geben.

5. Forschung

– Untersuchung der Verkehrsströme

Vor zwei Jahren hat der Bundesminister für Verkehr in seiner Antwort auf die o. g. Kleine Anfrage zugeben müssen:
«Über das Verkehrsaufkommen gefährlicher Güter insgesamt gibt es z. Z. keine exakten statistischen Daten.»
Er hat damals für Anfang 1986 Ergebnisse seiner Untersuchung des Statistischen Bundesamtes in Aussicht gestellt. Bis heute sind diese Daten, sollten sie inzwischen vorliegen, den Mitgliedern des Gefahrgut-Verkehrsbeirats nicht bekannt.

– Zentrale Unfallanalyse

Alle Unfälle mit Gefahrgütern sollten zentral, z. B. von der BASt, gesammelt und ausgewertet werden. Eine entsprechende Meldepflicht ist einzuführen.

– Aufbau eines EDV-gestützten Informationssystems

Der DGB fordert den Aufbau eines dreistufigen Meldesystems, das von Polizei und Feuerwehr per Datensichtgerät abgefragt werden kann.
Zu beginnen ist mit einem *Identifizierungssystem*, das Stoffname, Gefahren, Erscheinungsbild, erlaubnispflichtige Stoffe, Gefährdungsfaktor u. a. enthält. Die nächste Stufe bildet das *Befolgungssystem*, das sich mit dem Transport selbst befaßt. Es sollte die Möglichkeit eröffnen, die Verpackungs- und Zusammenpackvorschriften, die Kennzeichnung und notwendigen Beförderungspapiere, die Beförderungsvorschriften wie Zusammenladeverbote, Ausrüstung und Kennzeichnung der Fahrzeuge, Anhänger und Sattelauflieger sowie Bußgeldvorschriften zu erfragen. Die dritte Stufe bildet das *Überwachungssystem*, in dem im Endstadium alle Fahrzeuge zu erfassen sind, die gefährliche Güter transportieren dürfen (in einer ersten Stufe nur die erlaubnispflichtigen Listengüter). Gefährliche Güter wären mit ihrem Versand-/Bestimmungsort, Fahrtroute, Fahrzeugdaten in das System einzuspeisen.

Das System gäbe den Genehmigungsbehörden außerdem eine Hilfestellung bei der Entscheidung, ob Gefahrgut-Transporte nicht mit der Eisenbahn, gegebenenfalls im kombinierten Verkehr, durchgeführt werden müssen.

– *Weiterentwicklung des TOPAS-Fahrzeugs*

Der DGB unterstützt weitere Forschungen zur Verbesserung der Fahrzeugtechnik. Ergonomische Gesichtspunkte und die Grenzen der Belastbarkeit der Fahrer sind dabei stärker als in der Vergangenheit zu berücksichtigen.

Sozialdemokratische Bundestagsfraktion
Zehn-Punkte-Katalog zum wirkungsvollen Schutz beim Transport gefährlicher Güter

Die nicht abreißenden Unfälle mit Gefahrgut-Transporten in den letzten Monaten haben allen Bundesbürgern erneut die tatsächliche Gefährlichkeit solcher Transporte vor Augen geführt. Diese Gefährdungen werden sich vollständig nicht vermeiden lassen. Sie müssen aber drastisch vermindert werden. Hierfür muß das Nötige und Mögliche jetzt getan werden.

Der Bürger muß vor dem Risiko aus dem Transport gefährlicher Güter wirkungsvoll geschützt werden. Die Sicherheit der Bevölkerung hat Vorrang vor ökonomischen Interessen der Industrie.

Die Sozialdemokraten halten folgende Maßnahmen für dringlich:

1. Die Verkehrsträger Schiene oder Wasserstraße sind sicherer als die Straße. Beide sind deshalb für den Transport gefährlicher Güter verstärkt zu nutzen. Mit diesem Ziel ist § 7 der Gefahrgut-Verordnung Straße (grundsätzliches Verbot des Straßentransports für besonders gefährliche Güter) zu erweitern.

   Ein Patentrezept ist dies aber nicht. Auch im Eisenbahn- oder Schifftransport werden Unfälle nicht vollständig vermeidbar sein. Zudem werden 40 % der gefährlichen Güter im Nahverkehr befördert. Hier gibt es zum Lkw keine realistische Alternative. Gerade deshalb muß der Straßentransport sicherer gestaltet werden.

2. Die technischen Möglichkeiten, um Gefahrgut-Transporte sicherer zu machen, müssen genutzt werden
   - Sichere automatische Geschwindigkeitsbegrenzer einführen.
   - Bremsen stärker dimensionieren, zusätzlich verschleißfreie Bremsen (z. B. Retarder) vorschreiben, Bremswirkungen auf die einzelnen Achsen optimieren, Antiblockiersysteme vorschreiben.
   - Technische Vorkehrungen entwickeln, um Überladungen der Fahrzeuge sicher zu verhindern.
   - Transportbehälter und Tanks bruchsicher auslegen.
   - Die mit dem TOPAS-Fahrzeug erprobten konstruktiven Maßnahmen (niedriger Schwerpunkt, elektronische Überwachung des Reifendrucks, zusätzliche Blinkleuchten etc.) in verbindliche Bauvorschriften umsetzen.

3. Qualifikation der Fahrer erhöhen
   - Nur gelernte und geprüfte Berufskraftfahrer dürfen gefährliche Güter transportieren. Führerschein Klasse 2 und Kurzlehrgang in Sachen Gefahrgut-Transport dürfen nicht länger ausreichen.
   - Gesundheitsuntersuchung für Gefahrgut-Fahrer alle drei Jahre, ab dem 45. Lebensjahr jährlich (wie jetzt bereits für Omnibus-Fahrer).

- Regelmäßige Fortbildung, um das notwendige Wissen zu aktualisieren.
4. Gefahrgut-Transporte verbessert überwachen
   - Einsatz von speziellen Prüf- und Kontrollfahrzeugen nach US-Vorbild. Sie ermöglichen nicht nur eine Kontrolle der Ladung an Ort und Stelle, sondern auch eine dataillierte Überprüfung des technischen Zustands der Fahrzeuge. Das mobile Labor erlaubt gerichtsfeste Analysen.
   - Kontrolle in den Betrieben verstärken. Hierfür zusätzliches Personal bewilligen.
   - Die Fahrtenschreiber müssen manipulationssicher gemacht werden.
5. Verstöße von Unternehmen und Fahrern sind verschärft zu ahnden.
6. Sonderkonzessionierung für Gefahrgut-Transporte
   - Unternehmen, die gefährliche Güter transportieren, müssen in besonderer Weise zuverlässig sein. Deshalb ist eine besondere Konzession nötig. Sie ist bei schweren oder wiederholten Verstößen gegen geltende Vorschriften zu widerrufen. Auch Verstöße der Fahrer werden insoweit dem Unternehmen zugerechnet. Die Unternehmen müssen zuverlässiges Fahrpersonal einsetzen.
   - Gefahrgut-Beauftragten bei Verlader und Transporteur einführen.
   - Die Bundesanstalt für den Güterfernverkehr muß ein umfassendes Informationssystem (Datenbank etc.) erstellen, um den Unternehmen eine sichere Abwicklung der Gefahrgut-Transporte zu erleichtern.
7. Haftungsbegrenzungen aufheben
   Der Unfall in Herborn mit einer Schadenshöhe von rd. 50 Millionen DM hat gezeigt, daß auch bei der verschuldensunabhängigen Haftung aus Betriebsgefahr für alle Beförderungsarten die unbeschränkte Haftung eingeführt werden muß.
   Werden im Straßenverkehr beim Transport gefährlicher Güter Menschen getötet oder verletzt, so ist die verschuldensunabhängige Haftung aus Betriebsgefahr derzeit begrenzt auf einen Kapitalbetrag von 750 000 DM oder eine Rente von jährlich 45 000 DM. Werden besonders gefährliche Güter befördert, ist zusätzlich eine Versicherung von 5 Millionen DM je Schadensereignis nötig.
8. Im Straßenbereich sind ebenfalls Verbesserungen nötig
   - Wohngebiete und besonders unfallgefährdete Straßen sind für Gefahrgut-Transporte zu sperren.
   - Besonders gefährliche Güter («Listengüter») benötigen für den Straßentransport eine Beförderungserlaubnis. Diese Beförderungserlaubnis kann Auflagen und Einschränkungen festlegen: Beförderungszeiten, Höchstgeschwindigkeiten, Unterbrechung der Fahrt bei ungünstigen Witterungs- und Verkehrsverhältnissen, Begleitfahrzeuge etc. Diese Regelungen müssen in zweifacher Weise überprüft werden:
     – Die Beförderung muß untersagt werden können, wenn es zumutbar ist, das Gefahrgut an dem Ort zu produzieren, an dem es benötigt wird.

– Zum anderen muß der Katalog erweitert werden. Beispielsweise ist
     Benzin bisher nicht erfaßt.
   • Die Gefahren von Gefällstrecken sind durch Auslaufstrecken (geschot-
     terte Randstreifen) zu entschärfen.
 9. Für die Gefahrgut-Transporte aus unseren europäischen Nachbarländern
    gelten die Standards, die für deutsche Unternehmen gelten. Diese Trans-
    porte müssen deshalb ebenfalls wirkungsvoll überwacht und kontrolliert
    werden.
10. Die Regelungen für mehr Sicherheit bei Gefahrgut-Transporten dürfen
    nicht beschränkt werden auf zivile Beförderungen. Auch Militärfahr-
    zeuge müssen einbezogen werden. Dies gilt ebenso für die Tankfahrzeuge
    der Bundeswehr und insbesondere der NATO-Streitkräfte.
    Ferner müssen die Gefahrgut-Vorschriften für die Beförderung auf
    Schiene und Wasserstraße den heutigen Sicherheitsinteressen angepaßt
    werden.

Über Herborn darf kein Gras wachsen. Ein solcher Unfall kann sich bei den
derzeitigen Transportbedingungen jederzeit wiederholen. Deshalb müssen
wir alle dafür Sorge tragen, daß die notwendigen Regelungen nicht verzögert
werden.

Anmerkungen

Chemie oder Woher kommt die gefährliche Fracht?

1 BGBl. I S. 2121, in Kraft getreten am 13.8.1975, zuletzt geändert durch das Gesetz vom 18.9.1980 (BGBl. I. S. 1729)
2 Chemiewirtschaft in Zahlen, 1986, hg. vom Verband der chemischen Industrie, S. 17
3 ebd., S. 20, S. 107
4 ebd., Tabelle 14, S. 46ff
5 Vgl. Katalyse Umweltgruppe: Umwelt-Lexikon, Köln 1985, S. 296
6 Vgl. Römpps Chemie-Lexikon, Bd. 4, Frankfurt/Stuttgart 1985, Stichwort «Phosgen»
7 Egmont Koch, Fritz Vahrenholt: Seveso ist überall. Die tödlichen Risiken der Chemie, Köln 1978, S. 79
8 Aus: Wolfgang Linden: Konversion der Farbstoff-Industrie, in: Gift macht Geld. Die chemische Industrie und Möglichkeiten zu ihrer Entgiftung, hg. vom Arbeitskreis Chemische Industrie und Katalyse, Köln 1986
9 Jörg Heimbrecht, Jochen Molck: Rhein-Alarm. Die genehmigte Vergiftung, Köln 1987
10 Gift macht Geld, a. a. O., S. 67
11 Vgl. Daten zur Umwelt 1986/87, hg. vom Umweltbundesamt, Produktion im produzierenden Gewerbe 1987, hg. vom Umweltbundesamt
12 Presseerklärung des NRW-Innenministers vom 23. Oktober 1987
13 Der Spiegel, Nr. 47/1986
14 Presseerklärung vom 23. Oktober 1987

Gefahrgut auf den Straßen

1 Vgl. Richard Taschenmacher: Polizei und gefährliche Güter. Anwendung der Gefahrgutvorschriften in Theorie und Praxis, Hilden 1986
2 Dortmunder Zeitung, 20. August 1985
3 Schreiben des Ministers für Arbeit, Soziales und Gesundheit NRW vom 13. Dezember 1985
4 Statistisches Bundesamt, Mitteilungen für die Presse, 70/87, 12. Februar 1987
5 Dieter Bierau, Siegfried Nicodemus: Umfang und Struktur von Gefahrguttransporten im Jahr 1984, in: Wirtschaft und Statistik, 10/1986, S. 814f
6 Bundestags-Drucksache 10/3745, 22. August 1985, S. 6

7 ebd., S. 2

8 Mündliche Auskunft von G. Sasse, Pressesprecher des Mineralölwirtschaftsverbandes, vom 10. März 1988

9 Gewerkschaft der Polizei, Forum Polizei und Umwelt, 25. April 1985

10 Michaela Bressin: Unfälle beim Transport gefährlicher Güter auf der Straße
1982–1984. Bericht der Bundesanstalt für Straßenwesen, Bereich
Unfallforschung, Bergisch Gladbach 1985

11 Vgl. Verkehrsnachrichten 11/12, 1987, S. 17

12 tageszeitung, 9. April 1985

Die Transportbranche

1 F. Amann, A. Lauer, K. Ridder: Lehrgang für Tankwagenfahrer, Landsberg/
Lech 1983[4]

2 Evaluierungsstudie der Tankwagenfahrerausbildung gemäß § 12 GGVS,
durchgeführt vom Institut für Psychologie und Erziehungswissenschaften der
Technischen Universität München, 1982

3 Verkehrs-Rundschau vom 17. Januar 1987

4 Folkher Braun: Vom Elend der Ausbildung. Berufskraftfahrer sollten
mindestens drei Jahre ausgebildet werden/Ein Jahr Fahrpraxis, in:
Verkehrsreport 3–4/1986

5 Aus einem Brief des ÖTV-Hauptvorstandes, Abteilungsgeschäftsführer
Güterkraftverkehr Wolfgang Baars, an den Autor vom 16. Februar 1987

6 Günther Plänitz: Das bißchen Fahren... Arbeits- und Lebensbedingungen von
Fernfahrern, Hamburg 1983, S. 170

7 F. Ouwerkerk: Zusammenhänge zwischen Arbeitsbedingungen im
Straßentransport, Übermüdung, Gesundheit und Verkehrssicherheit, London
1987 (unveröffentlichtes Manuskript), S. 30

8 Plänitz, a. a. O.

9 Flugblatt der ÖTV, ÖTV-Bezirk NW I, Dezember 1987

10 Plänitz, a. a. O., S. 119

11 Stern, 16. Juli 1987

12 Schreiben an den Autor vom 12. Februar 1987

13 Bericht des Polizeihauptkommissars Nitze von der Höheren
Landespolizeischule NRW an das Innenministerium NRW; Stellungnahme zur
ZDF-Reportage «Giftig, ätzend, explosiv», Frühjahr 1987

14 Uwe Bogedale: Arbeits- und Berufseinstellungen von Fernfahrern. Zur
Arbeitssituation von abhängig beschäftigten Kraftfahrern im gewerblichen
Güterfernverkehr der Bundesrepublik Deutschland (unveröffentlichte
Diplomarbeit), Marburg 1983, S. 64f

15 Plänitz, a. a. O., S. 254

16 Verkehrswirtschaftliche Zahlen, hg. vom Bundesverband des Deutschen
Güterfernverkehrs, Frankfurt 1987, S. 17

17 ebd., S. 13

18 Bogedale, a. a. O., S. 77

19 ebd., S. 78f

20 Plänitz, a. a. O., S. 230

21 Traum von der Selbständigkeit. Ist der «Unternehmer» mit eigenem Fahrzeug der Sozialhilfeempfänger von morgen? in: Verkehrsreport 1/1987
22 Braun, a. a. O., S. 4
23 Plänitz, a. a. O., S. 49
24 Braun, a. a. O., S. 5
25 ebd., S. 6
26 Presseerklärung des DGB vom 14. Juli 1987
27 Aschaffenburger Verkehrsforum 2, Gefahrguttransporte, 29. / 30. Oktober 1985, Tagungsunterlagen

Die alltägliche Gefahr

1 Reinhold Konstanty: Gesundheitliche Zerstörung durch Gefahrstoffe – Bewertung des Gefahrstoffrechts aus gewerkschaftlicher Sicht, in: Soziale Sicherheit 6/1987
2 K. Ridder: Der Gefahrgutfahrer, Landsberg/Lech 1984[6], S. 94
3 Unternehmerwillkür im privaten Güter- und Personenverkehr, hg. vom ÖTV-Hauptvorstand, Stuttgart 1980, S. 26f
4 Daten zur Umwelt 1986/87, S. 400f
5 Informationsdienst Chemie und Umwelt, 22. Januar 1988, S. 11 (hg. vom BBU)
6 Daten zur Umwelt 1986/87, S. 420
7 Frankfurter Allgemeine Zeitung, 26. März 1985
8 tageszeitung, 13. Dezember 1986
9 Angelika Schwarz: Studie für die ÖTV-Broschüre «Qualitatives Wachstum», Nr. 2, Sonderabfall, 1987 (unveröffentlichtes Manuskript), S. 22
10 ebd., S. 23
11 Welt am Sonntag, 24. Februar 1985
12 Hanswerner Mackwitz: Die Mitgift, in: natur 7/1983, S. 50
13 Gewerkschaft der Polizei, Forum Polizei und Umwelt, 25. April 1985

Vom kurzen Arm der Ordnungsmacht

1 Taschenmacher, a. a. O., S. 299 ff
2 Gewerkschaft der Polizei, Fachausschußsitzung Schutzpolizei, 25./26. März 1987
3 Hessische Polizei Rundschau 11/1985
4 Artikel 1, Buchstabe a des Europäischen Übereinkommens über den internationalen Transport gefährlicher Güter auf der Straße (ADR)
5 Taschenmacher, a. a. O., S. 309
6 Süddeutsche Zeitung, 14./15. März 1987
7 Jahresbericht 1985 der Gewerbeaufsicht des Landes Nordrhein-Westfalen, hg. vom Ministerium für Umwelt, Raumordnung und Landwirtschaft NRW und Ministerium für Arbeit, Gesundheit und Soziales NRW, Düsseldorf 1985
8 Verkehrswirtschaftliche Zahlen (1987), a. a. O., S. 54

9 Brief des ÖTV-Hauptvorstandes, Abteilungsvorstand Güterkraftverkehr/
  Spedition, Handel, Lagerei an den Autor vom 16. Februar 1987
10 Brief der Bayer AG vom 16. März 1987 an einen Lehrer, der sich nach der
   Ausstrahlung der ZDF-Reportage mit der Bitte um eine Stellungnahme an den
   Konzern wandte
11 Alle nachfolgenden Zitate stammen aus Briefen an den Autor mit
   Stellungnahmen zur ZDF-Reportage «Giftig, ätzend, explosiv».
12 PHK Fritsch: Polizei – Erfolgreich bei Umweltdelikten? in: Hessische Polizei
   Rundschau, 11/85, S. 31 f
13 Umweltbundesamt, Jahresbericht 1986; eigene Berechnungen
14 Umweltbundesamt, Jahresbericht 1986, S. 17 f
15 ebd., S. 18
16 ebd.

Was muß sich ändern?

1 Sämtliche folgenden Zitate stammen aus öffentlichen Stellungnahmen in den
  Tagen nach dem Herborn-Unglück.
2 Presseerklärung des Bundesverkehrsministers vom 27. November 1987
3 Presseerklärung der ÖTV vom 27. November 1987
4 ebd.
5 Information der SPD-Fraktion, Tagesdienst Nr. 1547, 27. August 1987
6 Presseerklärung des NRW-Innenministers vom 23. Oktober 1987

Die erwähnten Filme
– «Giftig, ätzend, explosiv!»
– «Der Fall Herborn»,
die das KAOS-Film- und Videoteam
GmbH in Köln produzierte, sind
erhältlich bei:

UNIDOC-Film
Balkenstraße 17–19
Postfach 104007
4600 Dortmund 1

Danksagung

Für die Hilfe und Unterstützung bei der Erstellung des Films und des Buches danke ich besonders: dem ZDF-Redakteur Dieter Zimmer, Richard Taschenmacher, Fritz Göbel, Wolfgang Baars, Dieter Oeckl, Ludwig Jäger, Wolfgang Rogge, Ulla Stotzem, Ingke Brodersen, Thomas Becker, Nils, Meike, Ilka und Hannelore Schomers, dem KAOS Film- und Videoteam Köln: Tom Meffert, Bertold Debschütz, Alberto Montani, Marianne Tralau, Michael Houben, ganz besonders Peter Kleinert und Jochen Schemm, und all den Kollegen Fernfahrern, die mir sehr geholfen haben, deren Namen ich aber hier nicht nennen kann. Vor allem danke ich Wolfgang Linden von der Kölner KATALYSE-Gruppe, der die chemiefachlichen und chemiepolitischen Teile des Buches beisteuerte.

Nach wie vor bin ich an allen Informationen, Anregungen und Materialien zum Problemkreis «Gefahrgut» (in allen Verkehrsbereichen: Straße, Schiene, Wasser und Luft) interessiert. Besonders dankbar bin ich für jeden konkreten Hinweis auf «Problemfälle» und Mißstände, denen ich gerne nachgehe. Außerdem freue ich mich über Anmerkungen und Kritik zum Buch.

Michael Schomers
Journalistenbüro PAROLI
Sachsenring 2–4
5000 Köln 1
Tel. (0221) 32 10 48

Industrie & Ökologie

Joschka Fischer (Herausgeber)
Der Ausstieg aus der Atomenergie ist machbar
Mit einem Beitrag von Otto Schily
(5923)

Cristina Perincioli
Die Frauen von Harrisburg
oder «Wir lassen uns die Angst nicht ausreden» (frauen aktuell 4719)

Benno Splieth
Plutonium
Der giftigste Stoff der Welt (5927)

Klaus Traube
Plutonium-Wirtschaft?
Das Finanzdebakel von Brutreaktor und Wiederaufbereitung (5444)

Klaus Traube u.a.
Der Atom-Skandal
Alkem, Nukem und die Konsequenzen
(12472)

Herausgeber
Ingke Brodersen
Freimut Duve

C 2266/4 a

5921

5922